First Stage シリーズ

農業経営概論

大泉一貫・津谷好人・木下幸雄

実教出版

序　章

本書で学ぶべきこと

農業経営学の領域

「農業経営学」とは，農業経営をとりまく外部環境との関連のなかで，経済活動を行う個々の農業経営のしくみと管理の最適なあり方，そして持続的な成長のあり方を体系的に研究する学問です。「農業経済学」と「農業経営学」とをあえて区別するならば，「農業経済学」が農業の役割や産業発展の問題について，国民経済や地域経済との関係で考えるのに対して，「農業経営学」は農業という産業を担う一主体である農業経営の個別メカニズムについて，経営をとりまく社会経済条件との関連で考えています。

また，一般の「経営学」と比べて，「農業経営学」には違いがあります。その大きな理由は，農業の特殊性にあります。農業生産は，土地をその基盤とし，自然環境に大きく左右されます。さらに，農業は家族経営中心であるのとともに，動植物を扱うため季節性を考慮することも求められます。こうした農業の特性から，「農業経営学」では商工業中心の「経営学」と違って，経営諸活動のなかでも土地利用と技術のあり方が最も重要な関心事とされてきました。とはいえ近年，一般の企業活動に基づく「経営学」の成果を「農業経営学」に応用することも珍しくなくなってきています。たとえば，農産物販売の課題に対して，マーケティングの4Pやブランド戦略などマーケティング・マネジメントの基本的な手法がよく検討されます。こうした背景には，競争の激化，事業機会の拡大，異業種農業参入など経営環境が変化し，農業経営であっても，より一般的な条件のもとでの経営管理手法が必要とされる場面が増えていることがあり，今後農業における「経営学」からの応用が広がるものと思われます。

現代の「農業経営学」が扱う領域は，「経営組織論」，「企業形態論」，「経営管理論」といった従来からある基本的な系譜を中心にしながら，理論の深化と課題の変化にあわせて細分化されてきています。それは次表のように，さしあたり12の研究領域に整理されるでしょう。

1)	経営組織論	生産要素の最適な利用・結合や作目・部門の選択
2)	企業形態論	農業生産手段や経営資源の所有のあり方
3)	経営管理論	農業経営者の職能・能力や最適な経営管理手法
4)	経営計画論	農業の経営目標，経営戦略，経営改善計画の策定
5)	経営診断・評価分析論	農業経営の成果・財政状態の把握と課題・原因の究明
6)	マーケティング論	市場ニーズを反映した農産物供給のあり方
7)	農業情報論	農業経営内外の情報収集・管理と意思決定での活用
8)	農法論	風土・社会の下での土地利用と技術の合理的なあり方
9)	地域農業	地域農業計画の立案や組織化・産地づくり
10)	農村社会	農業経営をめぐる農村集落・地域とのかかわり
11)	環境	農村の資源・環境の保全や持続的農業経営の確立
12)	経営政策	経営近代化に向けた支援または経営環境の創造活動

本書の学習目標・内容

学習目標 本書は，大学・専門学校で「農業経営学」を初めて学ぶ人たちのためのテキストとして，また，実際に農業をビジネスとして手がけたい人や農業経営を指導する職業を志す人のための入門書として活用できます。

本書を通した基本的な学習目標は，農業経営の設計と管理に必要な知識と技術を習得し，コスト管理とマーケティングの必要性を理解すること，また，経営管理の改善を図る能力と態度を身につけることにあります。

こうした学習目標にそって，本書は先に紹介した農業経営学の体系のうち，おおよそ以下の内容を学べるようにまとめられています。

農業経営の管理 農業経営の管理全般に関する知識・技術は，「経営組織論」，「農法論」，「企業形態論」，「経営管理論」として体系化されており，主に「第2章 農業経営の組織と運営」で学びます。これらの知識や技術は，「農業経営学」の中心領域にあたり，農業経営の基礎としても，しっかり押さえておかなければなりません。

マーケティング マーケティングの必要性については，「第3章 農業経営と情報」で学びます。ここでの内容は，農産物の生産・流通における「マーケティング論」であることはもちろんのこと，農業経営をとりまく外部環境との関連のなかで，マーケティング活動が「農業情報論」の問題でもあることを理解しておかなければなりません。

コスト管理 コスト管理の必要性は，「第5章 農業経営の診断と

設計」の「❶農業経営の診断」でとくに学びます。これは「経営診断・評価分析論」における重要なテーマの1つです。また，コスト管理のもととなる会計情報の正確な把握のためには，農業簿記が必ず求められますが，それは「第4章　農業経営の会計」で詳しく学びます。

農業経営の設計　農業経営の設計に関する知識・技術は，「経営計画論」として体系化されており，「第5章　農業経営の診断と設計」の「❷農業経営の設計」で学びます。さらに，経営の設計に関して主体的な学習と実践につなげられるよう，「第6章　農業経営の実践」では農業のビジネスプランといった発展的な内容を扱います。

経営管理の改善　経営管理の改善を図る能力・態度は，本書におけるすべての知識や技術が必要とされる総合的な事柄ですが，とくに「第5章　農業経営の診断と設計」の「❷農業経営の設計」において学びます。ただし，経営改善を図る前提として，この第5章全体の学習を通して，自ら経営診断・分析ができるようになっておかなくてはなりません。

　なお，経営環境にまつわる国内外の農業事情のほか，地域農業，農村社会，環境，経営政策についても，本書で網羅されています。

期待される習得能力

農業経営学にかかわる一般的能力

　「農業経営学」には，知識を積み重ね，理論を深める純粋な学問としての使命とともに，農業経営が直面する課題に対し解決法を示し，事業を成功に導く実践的な役割もあります。こうした両面の性格が合わさっているのが，「農業経営学」の難しさでもあり，面白さでもあります。「農業経営学」という学問を修めることで獲得される具体的能力は多様でしょうが，一般的には次のように考えることができます。

1) 農業経営の現状および今後について，実証的な裏付けのある見解を持つことができる。
2) 農業経営に関する他者の意見を理解し，適切に評価し，位置づけることができる。
3) 新たに生起する農業経営の事象に関して適切な解釈を与え，必要があれば自ら意見を表明したり，実践に関与したりできる。
4) 農業経営の環境適応性について十分に理解し，個々の農業経

営を適切に組織化できる。
5) 特定の農業経営課題について，文献やデータを収集し，吟味し，解決できる。
6) 「農業経営学」とは何か，農業経営とは何かについて，それを専門としない者に説明できる。

農業経営における実践的能力 「農業経営学」は本来，個別の農業経営の実践的な問題解決のための科学的な方法を提供することが究極の課題といわれています。そのため「農業経営学」を通じて，学問にかかわる一般的な能力だけでなく，現実の農業経営が直面する困難に対して解決する方法をもちい，農業を事業（ビジネス）として成長させる実践的な能力も習得できることが期待されます。

　実践性はまず，農業経営を管理・運営する農業者にとって有効でなければなりません。そのためには，農業経営者が問題解決能力を向上したり，将来ビジョンをもって新しい農業を切り開いたりしなければならず，農業者に対する経営教育が大切となります。とりわけ，マネジメントできる優れた経営能力を開発することが日本の農業経営にも求められる段階になってきているのですが，それはこのあとで具体的に述べます。

　また，「農業経営学」の実践性は，農業者のみならず農村現場で指導する立場の者（例えば，普及指導員，農業団体の営農指導員や農業経営コンサルタントなど）にも有用であることが望まれます。従来の営農指導や農業教育では，その対象を家族経営や単なる生産者を前提とし，主に生産技術やせいぜい資金計画などを指導してきたため，経営指導・教育としては不十分でした。農業分野で実践的な経営指南ができる人材も不足しているのが，日本における実情です。今後は，農業経営者，農業指導者ともに，「農業経営学」から知識を得て，それを実践的に活用していくことで，農業経営を世の中の変化に適応させながら創造的に発展できる能力をやしなっていくことが求められる状況となっていくことでしょう。

マネジメントの実態から見た日本の農業

マネジメントの時代

　日本の農業には長い間，制度や社会的状況など多くの制約があり，農業経営者が自ら判断して，自由な意思決定を行えるような状況ではありませんでした。ところが，経営をとりまく環境が大きくかわり，農業経営者が主体的に活動できる余地が増してくると，経営の管理・運営問題に目が向けられようになりました。このため，そこに焦点をあてるようなマネジメント研究が盛んとなってきました。

　近年の農業経営の展開——たとえば，規模拡大，集約化，多角化，企業化のなかには，労務・雇用管理，法人化問題，市場対応，情報活用など新しいマネジメント領域が増えています。また，生産管理（従来は栽培管理，作業管理など）や財務管理（従来は簿記や資金計画など）の領域でも，新しいマネジメント方法が必要となっています。

　こうした農業経営管理をめぐる現代的な展開は，畜産や園芸など施設型経営において顕著でしたが，最近では稲作のような土地利用型経営でも，米政策改革の推進，農業法人や集落営農の増加，売れる米づくりに向けた取り組みの高まりなどにともない，様々な新しいマネジメント問題が生起しています。また，農地法規制の緩和などにより，異業種企業からの農業参入も本格化する兆しを見せており，革新的なマネジメント方式の導入への挑戦が始まっています。いずれにせよ，いま「農業経営学」は，現場からのまさに多様なマネジメント問題の生起と新しい方法の要請に対して，農業経営のしくみと管理の最適なあり方を導き出し，実際に役立つ知識を提供しなければならない時代に直面しているのです。

　日本の代表的作物は米ですが，国際競争による危機感が高まるなかで，この先衰退の一途をたどるか，変革して成長を遂げるか，稲作経営は岐路に立たされています。ここでは，日本農業の象徴的な一側面として，マネジメントの観点から稲作経営の実態を紹介しておきます。あくまで限られたデータですが，全国の標準的な稲作法人とともに，アメリカ同様たびたび大規模経営として引合いに出されるオーストラリアの稲作農場についても示し，次章以降で学んでいくマネジメントのあり方を考える上での手がかりにしましょう。

経営戦略 本書では，環境マネジメントや農業経営部門の選択と関連して，基本的な経営戦略を扱います。現在の日本の稲作法人においては，いずれの企業形態であっても，規模拡大と機械・施設による効率化(資本集約化)がより重視され，コスト低減が根深い課題として横たわるなか，コスト・リーダーシップ戦略が主流となっていることがうかがえます(図1)。また，企業形態によって程度の差はみられるものの，マーケティング強化や農産加工事業の展開も重視され，市場の細分化や差別化戦略も有力な方向であることがうかがえます。

> マネジメントの企業形態別および国際比較

大規模経営であるオーストラリアの稲作農場においても，コスト・リーダーシップ戦略が重視されています。ただし，農業生産技術の革新にはかなり注力している一方，市場戦略や差別化戦略は個別経営レベルではみあたりません。このように，オーストラリアでは生産管理に主眼をおいた経営戦略が採用されているのに対して，日本では生産管理からマーケティング管理まで経営戦略の範囲が広がっていることが特徴であるようです。両国で，技術進歩や販売チャネル(輸出)など経営環境の違いのほか，経営者の感覚やビジョンなどの違いが，経営戦略のあり方に影響していると考えられます。

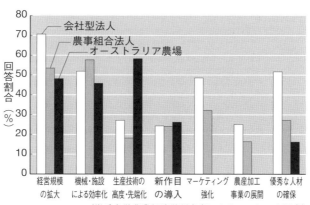

(岩手大学農業経済学研究室によるアンケート調査)
注1．会社型法人には，株式会社，特例有限会社，合同会社が含まれ，調査数は256，農事組合法人の調査数は255(2014年度に実施)。
注2．オーストラリア稲作農場の調査数は50(2013年度に実施)。
図1 重視している経営戦略(稲作経営)

経営管理の水準 「第2章 農業経営の組織と運営」で扱うように，農業経営の法人化によって経営管理の枠組みがある程度確立しつつあります。そうしたなか，日本の会社型法人(株式会社，特例有限会社など)と農事組合法人とでは，管理水準に差がでていることが

うかがえます(図2)。会社型法人に比べて農事組合法人では，会計・財務管理や労務・雇用管理が十分に高い水準にはありません。最近，集落営農の法人化を背景として農事組合法人が増加傾向にありますが，法人になったからといって，経営管理の中身まで自然にレベルアップするとは限らないと考えられます。

　また，合理的な役割分担や仕事上の責任の範囲を明確にすることなどといった作業管理については，全体的に管理水準はまだ高くないことがうかがえます。この点も会計・財務管理や労務・雇用管理の高度化とあわせて，今後の課題として残っています。なお，オーストラリアの稲作農場はパートナーシップ経営(親族などによる共同経営)を含む家族経営が大半であるため，日本の稲作法人のように会社形態であれば求められるような経営管理はあまり行われていません。

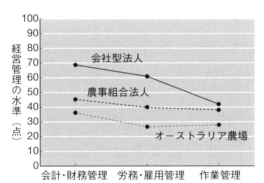

(岩手大学農業経済学研究室によるアンケート調査)
注1．会社型法人には，株式会社，特例有限会社，合同会社が含まれ，調査数は256，農事組合法人の調査数は255(2014年度に実施)。
注2．オーストラリア稲作農場の調査数は50(2013年度に実施)。
注3．管理領域ごとに，5つの管理項目の実施状況を点数化した。

図2　経営管理の水準(稲作経営)

経営者能力　第2章で「経営は人なり」といわれるとおり，経営者能力は大切なことです。経営者に求められる能力は，農業であっても高く，また幅広いものです。経営戦略の策定や戦略に基づくマネジメントは，経営者が果たすべき職能ですし，そうした職能を果たしうる経営者能力を農業者といえども備えなければなりません。また，優秀な人材を確保することも，日本の稲作法人において重視されている経営戦略の1つとなっています(前掲図1)。すなわち，農業者の数だけでなく，その経営者としての質も問われているのです。

　日本の稲作法人とオーストラリアの稲作農場とで国際的な比較を

すると，経営者能力の水準で大きな差がでていることがうかがえます(図3)。経営ビジョンの策定に必要な能力(哲学・夢・希望，高い目標・野心，企業家精神，チャレンジ精神)，経営戦略の策定に必要な能力(好奇心，情報収集力，先見性，予測力)，経営管理に必要な一般的能力(合理的思考，計数感覚)は，ほとんどすべての点において，明らかに日本の稲作法人が劣っています。とりわけ，企業家精神，情報収集力，合理的思考をみると，オーストラリアの能力水準の高さとは対照的です。日本では経営能力の向上が急務の課題であるといわなければなりません。

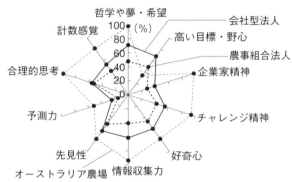

(岩手大学農業経済学研究室によるアンケート調査)
注1．会社型法人には，株式会社，特例有限会社，合同会社が含まれ，調査数は256，農事組合法人の調査数は255(2014年度に実施)。
注2．オーストラリア稲作農場の調査数は50(2013年度に実施)。
注3．農業経営者による自己評価。

図3　経営者能力の回答割合(稲作経営)

以上のとおり，経営戦略のほか，経営管理の水準やそれらを遂行する経営者の質からみた稲作農業の現実を概観しましたが，国際競争時代に対応していくためには，農業経営の規模・形態や生産技術だけでなく，マネジメントのあり方も重要であると思われます。

最後に，本書の内容について専門的に深めて勉強したい，また，10年先を見据えた農業経営について考えたいとする人には，下記の書籍を参考にすることをおすすめしたい。

・木村伸男「現代農業のマネジメント―農業経営学のフロンティア」，日本経済評論社，2008年
・大泉一貫「フードバリューチェーンが変える日本農業」，日本経済新聞出版，2020年
・アンドレ アンドニアン・川西剛史・山田唯人「マッキンゼーが読み解く食と農の未来」，日本経済新聞出版，2020年

もくじ

第1章 農業の動向と農業経営

1 日本と世界の農業　6
- ❶世界の農業の現状　6
- ❷世界と日本農業の動向　8
- ❸食料の需給と貿易　15

2 農業・農村と食料・環境　18
- ❶農業・農村の機能と役割　18
- ❷食料と農業　20
- ❸農業と環境保全　25
- ❹農業と地域社会　27

3 こんにちの農業経営　28
- ❶持続的農業の進展と有機農産物　28
- ❷農業経営の変化　34

第2章 農業経営の組織と運営

1 農業経営の主体と目標　40
- ❶さまざまな農業経営　40
- ❷農業経営の目標　45

2 農業生産の要素　49
- ❶生産と経営の要素　49
- ❷生産要素の特性と利用　51

3 農業経営組織の組み立て　58
- ❶農業経営組織　58
- ❷経営部門の選択　60
- ❸農業経営組織のなりたちと組み立て　62

4 農業経営の集団的取り組みと法人化　67
- ❶農業経営の集団的取り組み　67
- ❷農業法人経営　72

5 農業経営の運営　75
- ❶経営者能力と管理運営　75
- ❷農業経営の集約化　79
- ❸経営の規模拡大　81

第3章 農業経営と情報

1 農業経営をとりまく環境 ... 86
- ❶さまざまな環境 ... 86
- ❷環境に適応した農業 ... 88

2 農業経営と情報の収集・活用 ... 90
- ❶経営情報の概要 ... 90
- ❷情報からみた経営活動 ... 92
- ❸各種情報の性格 ... 96
- ❹情報収集とその活用 ... 102

3 農業のマーケティング ... 106
- ❶農産物流通と市場 ... 106
- ❷農産物流通とマーケティング ... 113
- ❸農協のマーケティング ... 117
- ❹農業経営者のマーケティング ... 120

4 農業経営の社会環境 ... 124
- ❶農業経営にとっての地域 ... 124
- ❷農業政策と食料政策 ... 128

第4章 農業経営の会計

1 簿記の基礎 ... 140
- ❶簿記とは ... 140
- ❷資産・負債・資本と貸借対照表 ... 143
- ❸収益・費用と損益計算書 ... 145
- ❹取引と勘定 ... 147
- ❺仕訳と転記 ... 151
- ❻仕訳帳と総勘定元帳 ... 153
- ❼試算表 ... 157
- ❽精算表 ... 160
- ❾決算―その1 ... 162

2 各種取引の記帳と決算 ... 170
- ❶現金・預金 ... 170
- ❷棚卸資産 ... 173

	❸掛け取引	177
	❹そのほかの債権・債務	179
	❺固定資産	180
	❻家族経営の資本	183
	❼収益・費用	184
	❽決算―その２	186
	❾帳簿と伝票	197
3	**農産物の原価計算**	**201**
	❶農業経営と原価計算	201
	❷原価の意味	202
	❸原価要素の分類	203
	❹簡単な例による原価計算	206
	❺原価計算と勘定の振替関係	207

第5章　農業経営の診断と設計

1	**農業経営の診断**	**214**
	❶農業経営診断の進めかた	214
	❷経営診断の手法と指標	219
	❸家族経営の分析と診断	224
	❹企業経営の分析と診断	226
	❺やってみよう　経営診断	230
2	**農業経営の設計**	**232**
	❶経営設計の手順と内容	232
	❷経営設計の方法	236
	❸マーケティングとGAPの活用	238
	❹農業経営の改善計画例	240

第6章　農業経営の実践

1	**農業経営とプロジェクト学習**	**244**
2	**農業経営プロジェクトの実践例**	**245**
	❶農業ビジネスプランの作成	245
	❷新しいマスクメロンの開発と経営	249

さくいん　　254

（本書は，高等学校用教科書を底本として制作したものです。）

第 1 章

農業の動向と農業経営

1. 日本と世界の農業
2. 農業・農村と食料・環境
3. こんにちの農業経営

消費者による
農業体験

オーストリアのチロル
地方の農村風景

1 日本と世界の農業

目標
・日本と世界の農業の現状を知る。
・日本における農業経営の実態と特徴を理解する。
・日本も含めた世界における食料の供給について考える。

1 世界の農業の現状

世界の農業

農業は，地球環境や風土❶などの自然条件と密接な関係をもっている。欧米の国々では，畑を中心とした麦作と，酪農を組み合わせた有畜農業が，また，湿潤なアジアでは，水田農業が古くから行われてきた。

世界の人々は，それぞれの地域の自然や風土にあった農業経営を行い，そこでつくられる農産物によって，風土にみあった食生活を営んでいる。

❶その土地その土地で，長いあいだにわたって人々がつくり上げた暮らしに影響を与えてきた自然や気候・地形や地質，景観などの総称。

凡例：
- 極乾燥地域
- 乾燥地域
- 半乾燥地域
- 乾燥半湿潤地域
- 土地荒廃地

（ミレニアム生態系評価，2005）

図1　世界の砂漠化の現状

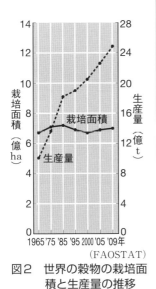

図2 世界の穀物の栽培面積と生産量の推移

穀物の栽培面積

農業は食料を供給し，人口を支える重要な役割を果たしている。しかし，世界の耕地面積，とくに穀物の栽培面積は，1985年までは増加し続けて約7.2億haになったものの，これをピークに減少に転じた。その後再び増加し始め，2009年には約7.0億haとなっている(図2)。

このような栽培面積の減少は，地球全体での土壌の劣化や，砂漠化の進行(図1)，また，水資源などに制約があるためである。こうした問題は，地球全体の環境問題であり，農業は，環境といかに調和するかという課題を負っている。

穀物の収穫量

栽培面積が減少しているにもかかわらず，穀物の生産量は，約10億tから約25億tへと，年平均2.1％の伸びを示している(図2)。これは，単位面積あたりの収量の増加によるものである。一方，世界の人口をみると，1970年の36億8,600万人から2010年に69億900万人へ増加している(図3)。この間の人口の伸び率は，年平均で約1.5％であるから，人口の増加より穀物生産の伸びのほうが高く，世界の食料事情は，年々，少しずつ改善されてきたことになる。

しかし，栽培面積の減少と人口増加によって，人口1人あたりの栽培面積は，年々，減少している(図4)。つまり，20世紀の農業は，限られた農地面積で，増加する人口を支えてきたのであり，単収の増加が，それに貢献していたのである。増収を支えたのは，品種改良や栽培技術の進歩など，科学の発達や技術の改良であった。

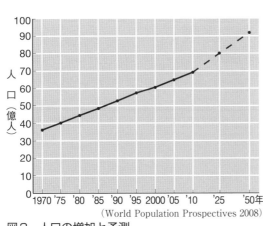

図3 人口の増加と予測

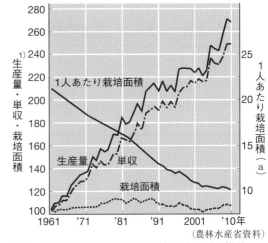

図4 世界の穀物生産量や栽培面積などの推移
1) 1961年を100とした指数。

1 日本と世界の農業

環境への配慮と食料援助

人口増加を支えるために，食料の増産をはかろうとして，化学肥料を過剰に投入したりすると，土壌を劣化させたりして，かえって減収となってしまうことがある。そのようなことを防ぐために，近年では**持続可能な農業**など，環境に配慮した農業技術の開発が重要とされてきている。

また，食料事情は，先進国の飽食，発展途上国の飢餓というように，国による差が大きい。そのため，貿易の活性化が重要になるが，それだけではなく，国際的な援助・協力などによる解決が必要とされている。

2　世界と日本農業の動向

農業経営と農業

■農業経営の分類　農業は，人が生きていくうえで必要な食料などを生産し供給する役割をもち，狩猟などとならんで人類史上古くからある重要な産業である。現在でも，自給的な農業や生業的な農業などがあるが，社会の発展とともに農産物の販売を目的とした農業が行われるようになった。販売を目的として行われる農業の分類にあたっては，次のような基準が考えられる。

1) **企業形態による分類**：

　　家族農業経営・企業農業経営・共同経営など。

2) **耕地条件による分類**：

　　畑地農業・水田農業・草地農業・園芸農業など。

3) **集約か粗放かによる分類**：

　　集約農業，準集約農業，粗放農業。

4) **生産する作物による分類**：

　　稲作農業・果樹農業・野菜農業・畜産農業(酪農を含む)など。

■世界のおもな農業経営形態　農業は自然条件に左右され，人類史上古くからあり，地域の特性によって農業のやりかたは異なっている。そのため，世界には多様な農業経営形態の農業が存在している。たとえば，アメリカ合衆国やカナダなど，農地を広大に使える新大陸では大規模な農業経営が行われている。北ヨーロッパでは，近年，穀物や畜産で大規模化が進む一方，南ヨーロッパでは小規模な家族農業経営がみられる。熱帯地方の東南アジアやラテンアメリカなどには，工芸作物・果樹などのプランテーション❶とよばれる大規模な企業経営がみられる。東アジアには，家族経営による稲作地帯が広がっている。日本の農業も，自然条件と豊かな水に恵まれ，家族経営による稲作農業を定着させてきた。

日本の農業と農業経営の特徴

■日本の自然環境の特徴　日本は，山間地が海岸線に迫っているため，中山間地❷が多く，広い耕地がとれない。夏は，高温・多湿・多雨で，台風の影響を受けやすい。しかし，大部分が温帯に属しており，四季それぞれの特色をもっている。なかには，水に恵まれない地域もあるが，砂漠があるわけでもなく，土壌は肥沃で世界の中でもきわめて恵まれた自然環境のもとにある。農業生産に果たす水の役割がとくに大きく，農地459万haのうち250万haが水田となっている（2010年）。

❶輸出用の商品作物を，大規模な農場で生産する農業形態。

❷都市的農業地域・平地農業地域以外の農業地域。

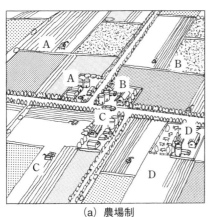
(a) 農場制

(b) 分散耕地制

A〜Dは，それぞれの農業者の住居や耕地を示している。
農場制では，一般に，農場全体が売買（あるいは賃貸借）されるが，分散耕地制では，耕地1枚ずつの売買（あるいは賃貸借）が多い。

図5　農場制と分散耕地制の違い

■**日本の農業の特徴**　農業は国によって，耕地も規模もつくる作物も違っている。欧米の耕地は，畑地で集団化し農場となっていることが多いが，日本では，北海道など一部を除き，水田で分散耕地の状態になっている(図5)。

　また，日本の農業経営は世界的にも規模の小さい部類にはいる。1戸あたりの農用地面積はアメリカ合衆国の$\frac{1}{106}$，イギリスの$\frac{1}{34}$，ドイツの$\frac{1}{26}$である(図6(a))。しかし，単位農用地面積あたりに投入される農業就業者の数(労働投入量)や，機械投資は非常に多く，労働投入量は，ドイツの77倍，フランスの150倍となっている(図6(b))。また，トラクタの投入量(資本投入量)はドイツの5.8倍，フランスの6.7倍，アメリカ合衆国の17倍となっている(図6(c))。こうした農地面積に対して資本や労働投入量の多い状況は，集約的といわれる反面，過剰投資となることもある。

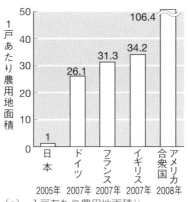
(a)　1戸あたり農用地面積[1]

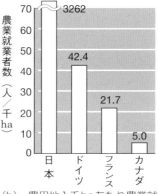
(b)　農用地1千haあたり農業就業者数[2]

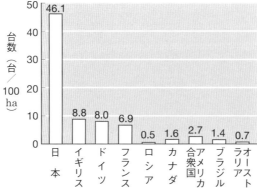
(c)　100 haあたりトラクタの所有台数[3] (2003年)

1)　日本を1とした場合の比較値。
2)　FAO STAT 2007(農用地面積)，および2008(農業就業者数)。
3)　FAO「Statistical Yearbook 2005-2006」。

図6　日本と諸外国との農業の比較

過剰か適正かの違いは，投入量に対し，生産性などの効率に関する指標がいままでよりあがっていれば適正と判断され，あがっていなければ過剰と判断される場合が多い。

■**農家**　日本の農家数は，明治以降500万〜600万戸で推移してきたが，1965年以降は急減し，2010年では253万戸になっている（図7）。

農家は農業収入で生活するのがふつうだが，産業の発展にともなって農家数は減少の一途をたどり，農産物を販売している農家（販売農家）は163万戸となっている。残りの90万戸はすでに経済活動から撤退した「自給的農家」といわれている。また，販売農家は，さらに「主業農家」，「準主業農家」，「副業的農家」などに分類されている。主業農家は農業が主だが，ほかは兼業が主の農家である。主業農家の中でも，世帯員に兼業従事者が1人もいない農家を **専業農家** という。

農家の農業収入への依存率を農業依存度❶といい，日本の農家の農業依存度はすでに4割を割っている。ほかの国々では，離農するような場合でも，日本では，兼業しながら農業を続けており，**兼業農業** は日本の農業の大きな特徴となっている。

■**農業の担い手**　1960年には1,454万人もいた農業就業人口は，2010年には261万人にまで減少している。また，年齢は65歳以上が約62％（図8）で平均年齢は66歳と，高齢化が急速に進んでいる。

❶農業依存度 $= \dfrac{農業所得}{農業所得＋農業生産関連事業所得＋農外所得} \times 100$

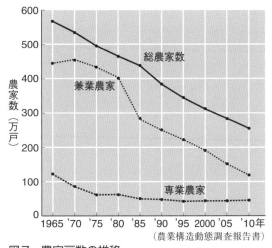

図7　農家戸数の推移

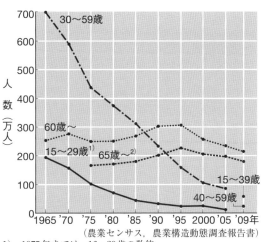

1)　1975年までは，16〜29歳の数値。
2)　60歳以上のうち，65歳以上。

図8　農家の担い手の年齢別推移

❶農業経営改善計画を作成し，地域の担い手として市町村に認定された農業者。

しかし，1990年代からは，農家の40歳未満の人の就農が増え，2009年には15,000人に迫っている（図9）。2009年には認定農業者❶の数が24.6万人となり（図10），農地所有適格法人の数も増加するといった，新たな動きもみられる。
（→p.72）

■**農業への新規参入の進展** 2000年以降は，農家以外の人々の農業参入が進み，企業の参入も進んでいる。近年では，**農商工連携**といった異業種の人々との連携や，農業の新たな事業領域を拡大する**6次産業化**といった施策が講じられている。

農商工連携とは，農業者と中小企業者（商工業者）とがお互いの長所をいかして連携し，産業を活性化することである。

また，6次産業化とは，農業を1次産業としてだけではなく，加工などの2次産業，さらにはサービスや販売などの3次産業まで含め，1次から3次まで一体化した産業として農業の可能性を広げようとするものである。

■**農業経営の特徴** 農家戸数の減少に従って，農家の規模拡大が進んでいる。しかし，日本の1戸あたりの経営耕地面積は1.96 haと拡大のスピードは遅い。兼業農家が高齢化しても農業を続けるのが現状である❷。

❷フランスでは，農業をやめる農家の農地を公社が優先的に買い取り，意欲のある近隣農家に販売する制度がある。60年かけ経営は約7倍に広がり，農家の平均年齢も40代なかばと10歳以上若返っている。

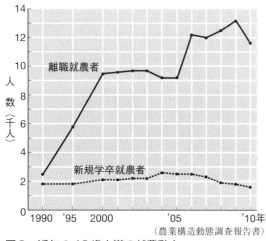

図9　近年の40歳未満の就農動向

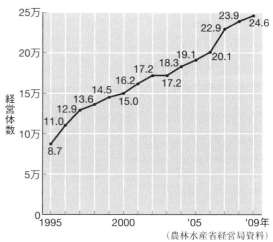

図10　認定農業者の推移

とくに稲作では，最も構造改革が進んでいない。図11は，農業が主の主業農家の生産割合をみたものである。稲作以外の作目では，主業農家の生産割合が高く効率的な農業であることがみてとれる。一方，稲作は，主業農家の割合は38％しかなく，準主業農家や副業的農家など，農業を主としない農家による効率の悪い農業となっている。

■**農業生産の特徴**　日本の農業総産出額❶は，8兆1214億円（約680億＄❷）である（図12）。農業総生産額❸は4兆2785億円（2009年）だが，ピーク時の7兆9377億円（1990年）のおよそ半分に減少している。GDP❹全体に占める比率は1.4％と少なく，この四半世紀，ほとんど横ばいか微減となっている。

ただ，この数字は世界的にみて決して小さい数字ではない。世界の農業を総産出額で比較すると，中国・インド・アメリカ合衆国・ブラジル・ロシアなどにつぐ世界第6位の産出額を誇っている。

❶農業生産活動によって得られる最終生産物の総額。生産数量に販売価格を掛けた額。
❷1＄を120円で換算。
❸農業産出額から費用を引いた額。農業で産み出された付加価値の総額。
❹国内総生産。
Gross Domestic Product

表1　近年の農業総産出額および農業総生産の推移　　　　　　（単位　億円）

	2006年	2007年	2008年	2009年	2010年
農業総産出額	83,322	82,585	84,662	81,902	81,214
農業総生産1)	49,910	48,342	47,432	45,224	46,645

1) 本文中の農業総生産の数値は「農業・食料関連産業の経済計算」における商品ベースでとらえた値であり，表1の数値は，「国民経済計算（内閣府）」における経済活動ベースの名目値であり，推計対象が異なるため違いが出ている。

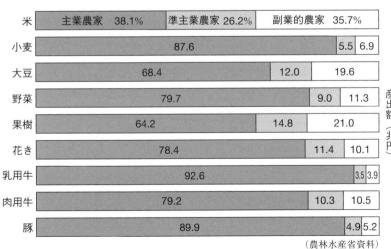

図11　主業農家の生産割合（2010年）

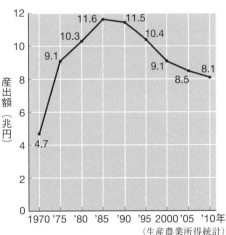

図12　国内農業総産出額

日本の主要農業生産物は，米・野菜・畜産である。それぞれ1.8兆，2兆，2.5兆円となっている。ほかに果樹が6千億円程度である。

　米は自給率が高い品目であるが，逆に，生産過剰のため，生産制限をしている。生産を制限しても，およそ800万tをこえるくらいの生産量を維持している。

　野菜は，年々，生産量が減少しており，1,100万t台になっている。内訳を細かくみると，ダイコンなどの根菜類やハクサイが減少したものの，食生活の洋風化の影響を受け，サラダに利用するレタスやトマトは，生産量を維持している(図13)。生産方法も，露地栽培から，より集約的なハウス栽培にかわってきている。

　畜産は，生乳(酪農)の産出額が微増となっており，大規模化，多頭飼育が進んでいる。

　国内農業産出額の減少とは逆に，輸入量は増加し，穀物類をはじめ，とくに肉類の輸入が増加し(図14)，農産物輸入額は，総額で約5兆円(約438億$)前後で推移している。国内農産物が，徐々に外国産におきかわっているのが近年の傾向である。

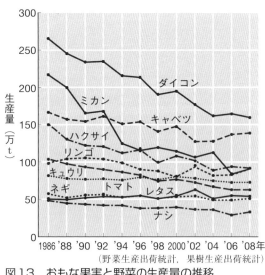
図13　おもな果実と野菜の生産量の推移

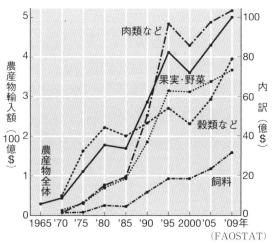
図14　農産物輸入額

3 食料の需給と貿易

食料の輸出入

第二次世界大戦後，世界は食料不足に見舞われた。とくに発展途上国では人口増加や農業生産水準の低さが関係していたため顕著で，先進国からの支援などが行われた。20世紀後半になると，食料の貿易への依存が高くなり，各国で輸入農産物が供給されるようになった。

農産物輸入国の多くは先進工業国である。ドイツやアメリカ合衆国が多く，近年では中国の輸入も多くなっている。日本も，フランスやイギリス，イタリア，オランダ，スペインなどと並び，ドイツやアメリカ合衆国に次ぐ農産物輸入額の多い国の仲間入りをしている。

これらの国々は，おおむね農産物輸出額も多く，ドイツやフランス，アメリカ合衆国は，輸入額に匹敵するくらいの農産物輸出をしている。ところが，日本の農産物貿易で特徴的なのは，輸出がほとんどないことである。日本の輸出は輸入額の20分の1にすぎない。

品目別の輸入構造

品目別でみると，米・野菜・牛乳などで国内生産が高い（図15）。

しかし，米以外の穀物や豆類・果物・肉類などでは，海外依存度が高いのがめだつ。また，牛肉の国内生産量は微減しているが，その分を輸入によってまかなっている。

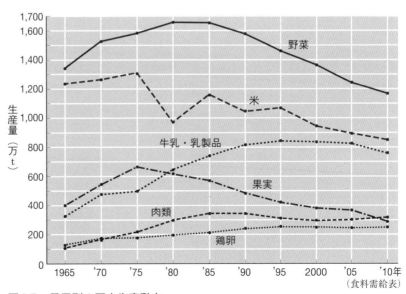

図15　品目別の国内生産動向

野菜も，輸入が約290万tと，この10年で約3倍に増えている。最近では，中国や韓国からのネギやブロッコリー・シイタケ・トマトなどの輸入が増え，国内農産物との競合が問題となっている。

果実の生産は，ミカンやリンゴなどを中心に，ピーク時には約670万tの国内生産があったが，現在では300万t前後まで減少し，輸入量480万tを下回っている。ミカンやリンゴは，輸入圧力に耐えながらも，品種改良や栽培・選果・流通手法の改善，生産調整や作目転換，ジュースへの加工などにより，競争力のある産地づくりを行ってきた。

日本の貿易構造

日本の食料需給や，農業の将来にとっての大きな課題は，農産物の輸入を含めた貿易問題にどのように取り組むかである。

貿易は，それぞれの国で生産した品目を互いに交換することで，世界の経済の発展に貢献してきた。しかし，貿易の歴史をみると，輸出したい国と，輸入したい国との調整がうまくいかない場合が多く，その結果，さまざまなかたちの貿易摩擦を起こしてきている。

日本の主要商品の輸出入の構成割合は，図16のとおりである。輸出では，機械機器や自動車などの工業製品の割合が高く，輸入品では，鉱物性燃料や機械機器に加え，食料品の割合が高い。

これは，日本経済が，自動車など工業製品の国際競争力が強いことを示している。国際競争力が強くなると，**為替レート**❶が円高になり，輸入品をそれだけ安く買うことができる。そのことが，農産物の輸入を増加させている。世界の多くの国では，自国の基本食料については，国内生産を基本とすることに努力している。

❶外国の貨幣との換算比率。換算比率は毎日かわるが，たとえば，1＄が100円といった為替レートが，1＄＝110円に推移したとすれば円安，1＄＝90円なら円高という。

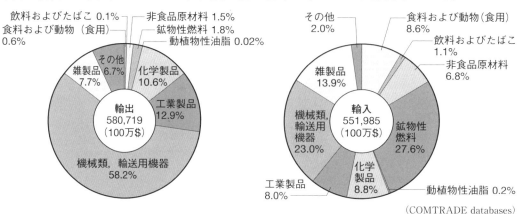

図16　日本の主要商品の輸出入（2009年）

食料自給率と食料安全保障

日本の食料供給は、国内生産を基本としながら、それに輸入を組み合わせた供給体制をとっており、場合によっては備蓄が加わることもある。食料安全保障の観点からは、この三つ(国内農業、輸入、備蓄)の組み合わせを適切に運営することが重要とされている。

国内農業による供給を強いものとするためには、農業経営者の数の増加や質の強化など、農業構造の改革の必要性が求められている。安定的な輸入の確保のためには、世界的な農産物情報の収集によって、リスクの分散を考えたり、関係諸国との連携を密にすることが重要とされている。国内生産と輸入とのバランスをどのように考えるかは、食料安全保障上の大きな課題である。また、この二つの相対的関係の中で、備蓄量の必要水準が決められることになる。

その国の食料事情を端的に示すものとして、**食料自給率**がある。日本の食料自給率は、総合では熱量ベース❶で40%、主食用穀物だけでは重量ベース❷で59%となっており、いずれも年々低下している(図17)。米の自給率が100%をこえているのに、主食用穀物の自給率が低いのは、パンなどの原料である小麦粉などを大きく輸入にたよっていることが影響している。

ただ、食料自給率は、あくまでも国民の食料消費量に対する国内生産の割合を示す数値である。わかりやすい数値ではあるが、食料自給率が食料安全保障の程度を示す数値として適切かというと、そうではないという意見もある。

❶ $\dfrac{国産供給熱量}{国内総供給熱量} \times 100$

❷ $\dfrac{国内生産量}{国内消費仕向量} \times 100$

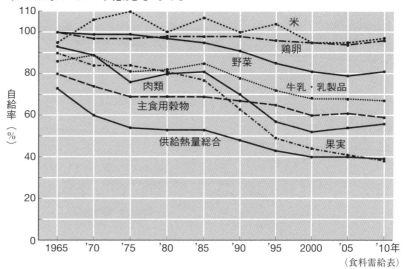

図17 日本の食料自給率の推移

2 農業・農村と食料・環境

目標
・農業や農村には，どのような役割が期待されているか考える。
・食生活の変化や食に対する消費者の意識を理解する。
・自然の循環機能を生かした農業のありかたを理解する。

1 農業・農村の機能と役割

農業生産の特徴

農業は，耕地で作物を栽培して食料や飼料を生産したり，牧草や飼料によって家畜を飼育したりして，人間の生活に必要な食料や生活物資を供給する産業である。農業生産の特徴は，工業生産とは違い，植物や動物といった生物にかかわる生産であり，自然の影響を強く受けて行われているところにある。

近年の農業は，科学の進歩によって，生物生産を人工的に制御できる部分が増えてきている。たとえば，**遺伝子組換え**❶による品種改良や受精卵移植による優良家畜の大量生産(図1)などといったバイオテクノロジー，野菜の植物工場(図2)や**精密農業**❷などIT(情報通信技術)の発達により，これまでの自然や土地だけにたよる農業生産に変化が起きている。

❶作物の細胞内の遺伝子の塩基配列を変化させたり，ほかの作物や細菌の遺伝子を細胞へ組み込んだりして，新しい機能をもつ品種をつくり出す技術。

❷農地や農作物の状態をきめ細かく正確に計測・記録・管理することで，収量や品質を向上させたり，環境保全をはかったりする農業の管理手法。

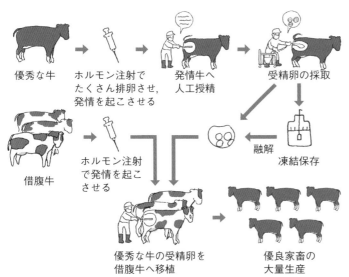

図1　受精卵移植による牛の繁殖技術

図2　植物工場

人工的に照明や二酸化炭素などを制御し，養分も肥料溶液で供給した人工環境下で，レタスが栽培される。

しかしながら、科学が大きく進歩しても、生物を生産することが農業の本質であることを忘れてはならない。また、自然や太陽エネルギーを有効に利用しないような、土地から離れた農業生産が農業の主役に登場することは、ほとんど考えられない。

農業・農村の役割

農業の最も重要な役割は、人々に食料を供給することである。国とともに農業者は、生活に必要な米・野菜や肉・牛乳などの食料を、いつでも安定して供給できるようにつとめることが大切である。また、花や緑、さらに工業製品の原料を供給する役割も担っている。科学技術の進歩にともない、バイオ燃料❶や飼料・肥料製品、医薬品など、エネルギーや工業製品の原料としての農畜産物の役割は、今後、ますます期待されている。

農業、そして農業を営む場である農村は、生産物を供給することのほかにも、国土・水資源・環境・文化・教育・福祉・健康などの分野において、現代社会のさまざまな問題の解決に貢献している。このような役割を **農業・農村の多面的機能** といい（表1）、国民の意識や期待も大きい（図3）。

❶バイオマス（生物資源）が有するエネルギーを利用したアルコール燃料、代替油や合成ガス。

表1　農業・農村の多面的機能

農業・農村の多面的機能		
持続的な食料供給	環境への貢献	地域社会の形成・維持
安定生産を確保する 安全な食料を生産する 未来に対する安心を与える	洪水を防止する 土砂崩壊や土壌浸食を防止する 水資源をかん養する 水質を浄化する 有機性廃棄物を分解する 生物多様性を保全する 良好な景観を形成する	地域社会を振興する 伝統社会を受け継ぐ 人間性を回復する 体験学習と教育の場を提供する

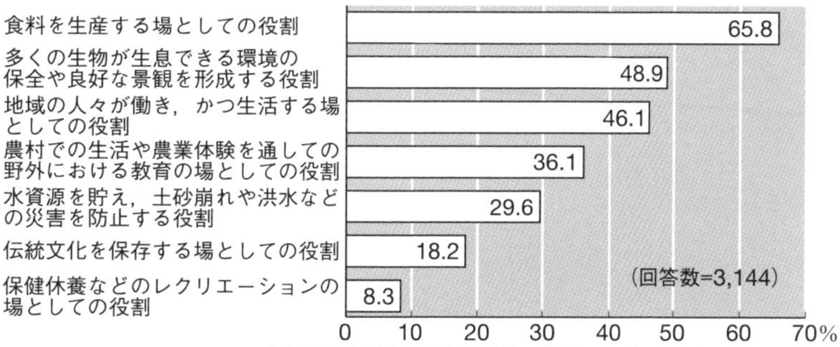

役割	%
食料を生産する場としての役割	65.8
多くの生物が生息できる環境の保全や良好な景観を形成する役割	48.9
地域の人々が働き、かつ生活する場としての役割	46.1
農村での生活や農業体験を通しての野外における教育の場としての役割	36.1
水資源を貯え、土砂崩れや洪水などの災害を防止する役割	29.6
伝統文化を保存する場としての役割	18.2
保健休養などのレクリエーションの場としての役割	8.3

（回答数=3,144）
（内閣府「食料・農業・農村の役割に関する世論調査2008年」）

図3　国民が期待する農業・農村の役割

2 食料と農業

農産物と食料との関係

国内の農業生産の最も基本的な役割は、将来にわたる食の安定を支えることである。

消費者が支払う食料の消費額は、年々増加し、1995年では80兆円をこえるまでになってきた。ただし、近年では景気動向や社会構造の変化により、低下傾向にある。図4は、農水産物が最終的に消費されるまでの流れ(**フードシステム**)を示している[1]。

最終の消費額を流通・加工・生産などへ順に振り返ってみると、農業生産額の比率が少なく、食品製造業や外食店への金額が多い(図5)。これは、従来のように農産物を買って直接消費するという農産物の消費パターンから、外食や調理済み食品を購入することによって消費するパターンへと、変化していることを示している。

家計調査によると、外食費と調理済み食品費の割合は、食料消費支出の3割近くを占めるまでに増加している。つまり、これら一連のことは、いまや食関連産業は、農業生産という1次産業の部分より、2次産業の食品製造業や3次産業の外食・流通業の部分のほうに割合が移っていることを表している。すなわち、国内農業と食料消費との距離が広がっているのである。このことによって、食品加工業のなかには、原料の供給を価格の安い外国農産物に求めるところが多くなってきており、食料自給率の低下につながっている。外食や調理済み食品にたよる食生活は、若年層ほど、その傾向がはっきりしている。

[1] これを川の流れにたとえて、生産者側を川上、消費者側を川下とよぶ。

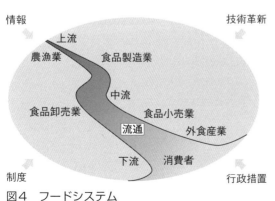

図4 フードシステム

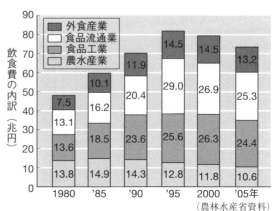

図5 農産物〜「食」の費用構成の推移

消費者の価値観と「食」のニーズ

経済や社会の成熟にともなって、人々の価値観も大きく変化している。それは、ものの豊かさから心の豊かさへ、量から質へ、個性化・多様化・高級化の時代へ、生活優先の時代へ、さらに、自然への回帰、本物志向や健康志向の高まりなどと表現することができる。

最近の食料消費のありようは、経済的に豊かになって食料の摂取量が十分に満たされる水準となり、食生活の成熟化が始まったため、食料の量をより多く買うことよりも、豊富な種類で、食べるまでになるべく簡単な食料を買う傾向が強くなっているとみられる。

たとえば、穀物よりも畜産物、畜産物のなかでも高級でおいしい肉など、より高価で質の高い食品を好む消費者が増えている。これは食品の高級化である。また、家事労働時間の節約や楽しみの時間を大切にする傾向から、惣菜などの調理済み食品の購入やレストランなどでの外食が増えているが、これは食品の高付加価値化❶である。

もちろん、食料消費のパターンは経済水準や地域によって異なるものの、多様で簡便な食を求めていることは、日本など先進国での、食に対する消費者ニーズとして共通した傾向であるといえる。

❶素材としての農産物に加工・調理などのサービスを加えることで、新しい経済的な価値として**付加価値**がうまれる。

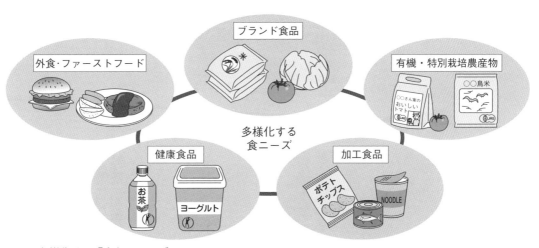

図6　多様化する「食」のニーズ

近年の食生活の問題点

しかし，近年の食生活には，食べ残しや食品ロス，さらには，孤食や欠食などという問題も現われている。とくに栄養面からは，バランスのとれた**日本型食生活**がくずれ，脂肪分を取りすぎる傾向があらわれ始めている。そのため，近年では**食生活指針**[1]や**食事バランスガイド**[2]（図7）などによって，食生活を見直す運動もみられるようになってきている。

さらに，食中毒事故の報道がよく注目されるように，食品の安全と安心に対する人々の関心は強くなっている。なお，安全と安心では，言葉の意味が違うことに注意しなければならない。安全とは，何か危害を与えるものが食品に入っていないかどうかの問題である。一方，安心とは，人々が食品に信頼をおいて不安に思わないかどうかの問題である。

[1] 国民の毎日の食行動をみなおし，国民の健康増進，生活の質の向上，食料の安定供給のために国が定めた指針。
[2] 健全な食生活の実現のため，食生活指針が具体的な行動となるよう，何を，どれだけ食べればよいかのめやすを示したもの。

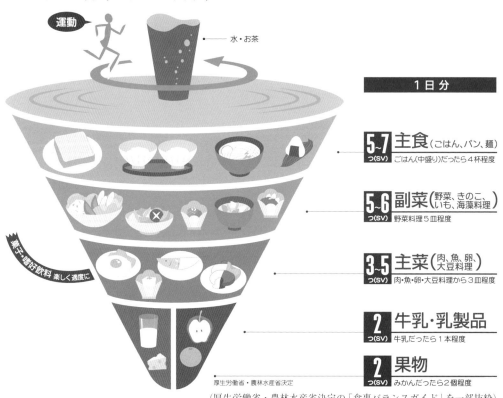

図7　食事バランスガイド

とくに、食の不安が高まってきている背景には、次のような理由がある。それは、①食品の生産・流通のしくみが複雑化して消費者にとって分かりにくい、②BSE❶（牛海綿状脳症），大腸菌O157や残留農薬問題など、これまでにない食のリスクが現れている、③人々の価値観の変化にともない安全性にいっそう敏感になってきた、などである。

こうしたことから、農業者を含む食料を扱う者は、さまざまな食の問題に適切に対応することが求められる。

食の安全・安心を支えるしくみ

消費者は、食品の品質や表示にも強い関心を示すようになった（図8）。とくに、JAS法❷は、1999年の改正によって、農産物の原産地表示や有機農産物の表示、精米表示、遺伝子組換え食品の表示など、消費者へ農産物情報を伝達するしくみを強化している。食の安全を向上させるには、フードシステムの各段階（生産・製造・流通・販売・輸入）における取り組みや制度が欠かせない。

ISO❸9000やHACCP❹などの要素を含めた、新しい品質システム管理によって、品質のいっそうの安定をはかる食品企業も増えてきている（図9）。

❶Bovine Spongiform Encephalopathy 牛海綿状脳症。狂牛病ともいわれる。
❷農林物資の規格化及び品質表示の適正化に関する法律。
❸International Organization for Standardization（国際標準化機構）の略称。一定水準以上の品質の製品をつくることを目的にした国際的な規格。
❹Hazard Analysis and Critical Control Point（危害分析・重要管理点）の略称。原材料の受け入れから出荷までの食品製造過程で、食品の安全性をそこなうと思われる工程をチェックし、危害を防止する方法。

```
名　称　グレープフルーツ(ルビー)
原産国　□□□国
販売者　△△農産
　　　　○○県△△市1番地
※本品には防カビ剤(OPP-Na, TBZ, イマザリル)を使用
```

図8　農産物の食品表示例

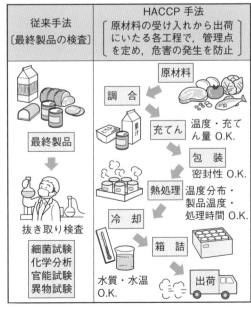

図9　HACCP手法と従来手法との違い

❶食品の生産から加工・処理,流通,販売までの過程を明確に記録することで,食品の行方を追いかけること(追跡)や食品の出所を突き止めること(遡及)ができる。

また,日本では,BSE問題をきっかけに牛肉の**トレーサビリティ・システム**❶が本格的に導入されたのち,米などほかの農産物でも導入しようとする動きが広がっている(図10)。

こうした動きは,農産物への関心を高めることにも有効なしくみとなる。

消費者(食)と農業者(農)との結びつきを強めることで,相互理解と食に対する信頼を築き,食の安全・安心の確保をめざしていこうという考えかたもある。たとえば,食の問題や農業・農村の役割と現状について理解を深めるために,食卓や学校給食,社会教育を通して行う活動である**食育**や**食農教育**が活発にみられるようになってきている。

地産地消活動も広がりをみせている。**地産地消**とは,地域で生産されたものをその地域で消費することをいう。具体的には,農産物を直売所で販売するほか,加工場の原料や学校給食・レストランの食材として地元の業者に提供するなどといったことが行われている。さらには,有機農業などを核として消費者と生産者とが積極的に連携し,地域の農業を支える新たな形態として,「地域支援型農業」が注目されている。

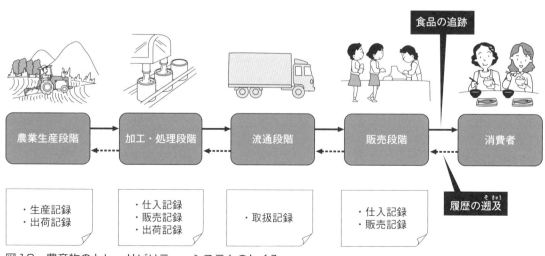

図10 農産物のトレーサビリティ・システムのしくみ

3 農業と環境保全

農業と環境問題

先進国においても,国土面積に占める農用地や林野の割合は比較的高く,国土保全という面で,農林業の役割は大きい。水田は水を制御し,自然災害から暮らしを守っており,安全で豊かな国土は,田畑の耕作によって築かれている。日本では,森林のはか,水田を中心とする土地利用によって豊かな水資源がはぐくまれている。

しかし,農業が環境問題の一因となっていることも見逃してはならない。化学肥料や農薬などの化学合成資材に大きく依存したこれまでの農業生産のやりかたを,**慣行農業**とよぶ。慣行農業は,一般にエネルギー消費型生産であり,水質汚染や農薬汚染といった環境問題を引き起こしやすい。

また,たとえば,**地球温暖化**やたび重なる異常気象の発生など世界的な気候変動によって(図11),イネの高温障害や果実の着色不良など農作物の生育に悪い影響がみられるようになってきている。その一方で,水田作や牛などの反すう動物の飼養はメタンを大気に発生させ,農業が地球温暖化の原因となっていることもある。

こうしたことから,環境と調和のとれた農業のありかたが求められており,農業を通して地域の環境を保全し,さらには地球環境への負荷を軽減することをめざしていく必要がある。

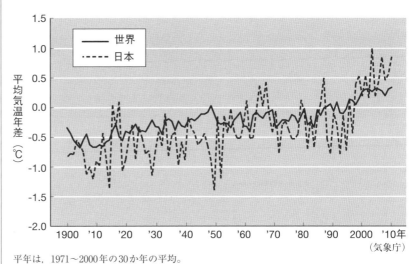

平年は,1971〜2000年の30か年の平均。
図11 年平均気温の平年差の経年変化

自然環境や資源を保全する農業

農業を営む場である農村には，豊かな生態系をはぐくむ自然がある。稲わらや家畜の排せつ物などを，堆肥として農地に戻し，土づくりを行うと，土壌中の微生物が多様化するとともに，活性化する。そして，土壌の性質がよくなって，地力が増進し，作物が吸収する養分も増加することになる。また，水田や水路では水質も浄化される。農業生産活動は，微生物を含む生物をなかだちとした自然界における物質の循環に依存するとともに，この循環を促進する機能をもっている。これを，農業の **自然循環機能** という。農業も自然の生態系（**食物連鎖**）を構成しているということを忘れてはならない。

また，私たちの食べ残しなど，都市の有機廃棄物を堆肥化❶して利用する例が増えている（図12）。家畜の排せつ物や都市ごみをバイオマス資源❷として，発電や燃料エネルギー源に利用することも可能である。このように，都市と農村が連携を保つことによって，両者が共生する **資源循環型社会** をつくりあげることができる。

自然環境や資源を保全することを積極的に取り入れた農業が，**環境保全型農業** である。環境保全型農業が登場してきた背景には，「食品の味や安全性の追求」といった，量的な充足から質的な充実を好む，成熟した社会における消費者の価値観の変化がある。また，アニマルウェルフェア❸，生き物マーク❹（図13）や農業・農村の多面的機能への期待の高まりは，こうした消費者意識の変化に基づいている。このような観点からも，持続的な農業経営が求められる。

❶この堆肥化したものを**コンポスト**という。
❷農林水産資源，有機性産業廃棄物などの動植物に由来する有機性資源のこと。
❸動物を長時間かけて輸送したり，狭い空間で飼養することを禁止したりなど，動物福祉のこと。この精神にのっとった家畜の飼養が，欧米では進められている。
❹生物多様性に配慮して生産された農産物を示すマーク。

図13 生き物マークの例

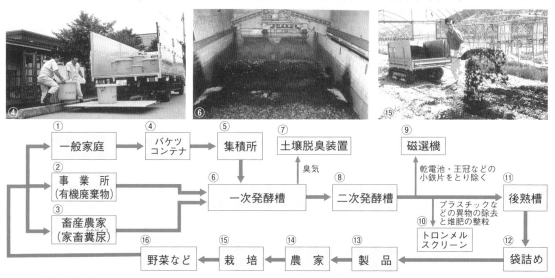

図12 堆肥化プラントのフローチャート

④ 農業と地域社会

　農業の発展の歴史において，長年にわたって整備されてきた農道，農業用水路などの社会資本❶は，農業にとどまらない地域社会全体を振興する基盤となってきた。農業を営む場である農村は，美しい田園風景を形成し，その豊かな自然と穏やかな空気が人々にうるおいとやすらぎを与えてくれる。

　また，歴史や文化を伝える行事や伝統芸能，地域独自の食文化などは，農業生産活動の継続とともに保存，継承されていることもある。さらには，植物を育てたり，家畜の世話をすることによって，人々はやすらぎを覚えたり，命の尊さを教えられたりする。

　都市と農村との交流やグリーン・ツーリズム❷などは，農業・農村がもつ多面的機能が一部ビジネス（観光業）に結びつけられている。スイスやドイツなど西欧の国々では，農村はもちろん，都市も多くの緑におおわれ，緑豊かな景観が保全されている。そこには，農業者ばかりでなく，政府や国民が一体となって努力している姿がある。国民全体の協力があって，初めて，このような農業・農村の役割が果たされる。山の上まで草地がきちんと管理され，美しい緑の景観が保たれているのは，そこに住んでいる農業者の努力のおかげだとして，税金から，その農業者に直接所得補償をしている。こうした措置は，**条件不利地域対策**❸とよばれる政策の一環として行われている。日本でも，2001年度から**中山間地域対策**の名称で実施されてきている。

❶インフラストラクチャーともよばれ，道路・港湾・住宅・公園・緑地など，経済活動と社会生活に必要な基盤。

❷都市の人々が農山村の民宿などに滞在し，農村生活などを通じ，地域の人々と交流したり，景観を楽しんだりする余暇活動のこと。

❸離島や山岳地帯など，農業生産のための条件が劣っているところを条件不利地域という。**条件不利地域対策**は，この地域の農業・農村がもつ多面的機能を維持するためのものである。

図14　田園風景（左：スイス，右：日本）

図15　農家民宿

3 こんにちの農業経営

目標
- 環境保全型農業を実現させていくための制度を理解する。
- 有機農業の特徴と意義を考える。
- 新たにみられるようになった農業経営のタイプと取り組みを知る。

1 持続的農業の進展と有機農産物

環境保全型農業と経営

農業の持続的発展をはかるためには、環境と調和のとれた環境保全型農業を(→p.26)めざす必要がある。環境保全型農業とは、前に述べたように、農業の自然循環機能を活用し、環境への負荷を減らす農業生産の方法である。大きくは、化学肥料や農薬をできるだけ使用しないで環境と調和させる、化学肥料・農薬の**低投入持続的農業**と、それらにたよらず、有機資材の投入によって地力を維持し、自然循環機能を重視する**有機農業**とに分けられる。

残留農薬などのポジティブリスト制度

ポジティブリスト制度は、食品中に残留する農薬など❶の利用に関するもので、一定量をこえる農薬などが残留する食品の販売などを禁止する制度のことである。

❶農薬、飼料添加物および動物用医薬品など。

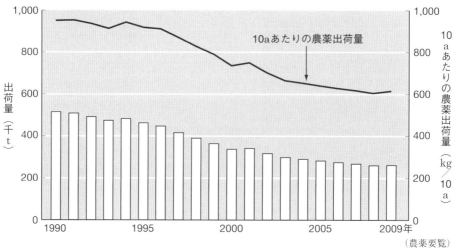

図1　農地10aあたりの農薬出荷量などの推移
（農薬要覧）

輸入食品が増大する中，食品中への農薬などの残留に対する消費者の不安が高まったことから，この制度が導入されることになった。

2003年，食品衛生法が改正され，基準が設定されていない農薬などが一定以上含まれる食品の流通は禁止されている。農薬などは原則的に禁止することを前提に，使用を認めるものについてリスト化する方式になっているため，ポジティブリスト制度といわれる。

残留農薬などのポジティブリスト制度の導入は，低投入持続的農業の発展に大きく貢献している。これは，農業生産者が，消費者のニーズである「食の安全・安心」にこたえるように，この制度を守って農薬を利用するようになったためである（図1）。

農業生産工程管理(GAP)の取り組み

❶Good Agricultural Practiceの略。

GAP❶は，農業生産活動の各工程を，食品の安全性，環境保全，労働安全に関する法令などの内容に即した点検項目に沿って実行し，それを記録し，そして点検・評価するというものである。GAPの取り組みにより，食品の安全などに関係する法令の目的を実現するとともに，持続的に農業経営の改善活動につなげることができる。

GAPは，生産段階において環境保全型の農業をめざし，食品に危害が及ばないように汚染を低減する対策がとれるシステムとなっている。

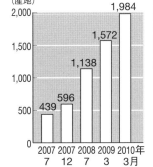

(a) 導入産地数の推移

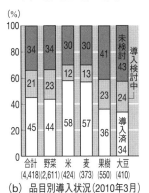

(b) 品目別導入状況(2010年3月)
（農林水産省資料）

図2　GAPの導入状況

注．(b)の( )内の数字は，産地数を示す。

表1　GAPのチェックシートの例

	チェック項目	チェック（日付）
準備	①研修会への参加やパンフレットなどで情報収集したか。 ②栽培マニュアル，栽培基準を読んだか。 ③堆肥などの有機物の施用による土づくりを行ったか。 ④用水の水源は何か知っているか（河川，地下水など）。 ⑤土壌のカドミウムなど有害物質による汚染はないか。 ⑥土地の生産履歴や圃場の周辺環境を確認したか。	□ 月 日（ ） □ 月 日（ ） □ 月 日（ ） □ 月 日（ ） □ 月 日（ ） □ 月 日（ ）
育苗	①種子証明書・購入伝票を保管しているか。 ②農薬は，栽培マニュアルや農薬ラベルに記されてある薬剤・使用量を守って使用したか。	□ 月 日（ ） □ 月 日（ ）
栽培管理	①肥料はマニュアルによる施肥基準に基づき施しているか。 ②農薬は，栽培マニュアルや農薬ラベルに書いてある薬剤・使用量を守って使用したか。	□ 月 日（ ） □ 月 日（ ）
収穫・調製・出荷	①収穫コンテナの洗浄など，収穫物の病原性微生物などによる汚染予防対策を行ったか。 ②収穫前の農薬使用日数を確認し，適期収穫を行ったか。 ③選別・調製作業前に作業者の健康状態を確認したか。	□ 月 日（ ） □ 月 日（ ） □ 月 日（ ）
全般	①暖房機器・作業機の定期点検・整備。 ②肥料・農薬の整理・整頓・保管。 ③ハウス用ビニルなどの適正廃棄。 ④栽培履歴の記帳，肥料・農薬の購入伝票の保管。	□ 月 日（ ） □ 月 日（ ） □ 月 日（ ） □ 月 日（ ）

有機農業の本質とその推進の基本理念

日本における有機農業を発展させていくために，2006年に「有機農業の推進に関する法律」が制定された。この法律には，次のような有機農業の意義とその推進のありかたが示されている。

①農業の自然循環機能を増進し，環境負荷を低減すること
②安全で良質な食べ物への需要にこたえるものであること
③有機農業者・関係者と消費者との連携をはかること
④有機農業者・関係者の自主性を尊重し，行うこと

アメリカ合衆国では，消費者や販売者が生産者と連携したCSA[1]とよばれる，有機農業を地域で支える運動がさかんである。ヨーロッパでも，有機農産物を購入することは，農業者を支援することにつながり，自分の住んでいる地域の環境を守ることになると考えられている。

これは，有機農業が経営内部の資源循環，さらには地域における資源循環を維持できる農法で，最も環境にやさしいシステムを内包しているとみなされているためである(図3)。有機農業の本質は，この資源循環のしくみにあるといってよい。

有機農業者と加工業者は，有機農業団体を組織しており，それぞれが定めた生産基準や農産物の食品加工基準にしたがって，生産や加工を行っている。消費者はこの基準によって，それぞれの団体の有機食品を選ぶことになる。なお，ヨーロッパでも国によって，有機食品の販売に違いがみられる(図4)。

[1] Community Supported Agricultureの略。

- 質の高い食料の生産を十分に行う。
- 発展的で，生命力を高めるやり方で自然界の諸システム・サイクルと相互作用しあう。
- 微生物，土壌中における動物・植物相，動植物を含む，農業システム内部における生物的循環を促進する。
- 土壌の長期的肥沃度を維持・向上させる。
- 作物生産と畜産の調和のとれたバランスを創出する。
- 更新可能な資源を地域的に組織された農業システムにおいて，できるだけ利用する。
- すべての家畜に生来の行動習性に配慮した生育環境を与える。
- 農業実践から生じる，あらゆる形態の汚染を最小限にする。
- 動植物の生息地・生育地保護を含む，農業システムとその周辺の生物多様性を維持する。
- 農法の広範な社会的・生態学的インパクトに配慮する。

図3　国際有機農業運動連盟(IFOAM)の有機農業の基本目的(一部抜粋)

有機農業の認証制度

有機農業によって生産された農産物が，有機農産物である。日本では，有機農産物やその加工食品は，商品としての信頼を得るために，検査認証制度が設けられている(図5)。この制度は，有機農産物の生産・管理方法について，あらかじめ定められている基準が守られているかどうか，第三者によって検査・審査され，合格すれば，**有機JASマーク**(図6)の表示ができるというしくみである。

〈有機農産物の検査認証制度の概要〉

①国が，登録認定機関を認可する。
②生産農家や製造業者などを登録認定機関(検査・審査員)がチェックする。
③登録認定機関は，審査結果に基づき，有機JASマークを貼付してもよいという認定を下す。
④認定によって，有機JASマークを貼付して販売する。

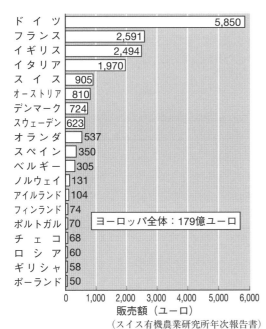

図4　ヨーロッパ各国における有機食品年間販売額(ユーロ)(2008年)
(スイス有機農業研究所年次報告書)

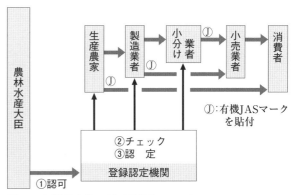

図5　有機農産物の検査認証システム

図6　有機JASマーク

環境保全型農業の動向

日本では、農業者の意識が大きくかわり、多くが環境保全型農業に取り組んでいるか、取り組みたいと考えるようになっており（図7）、**エコファーマー**の認定者数も年々増加してきている（図8）。エコファーマーとは、堆肥の施用などによる土づくり技術、化学肥料を減らす技術、化学農薬を減らす技術を一体的に導入している農業者のことである。

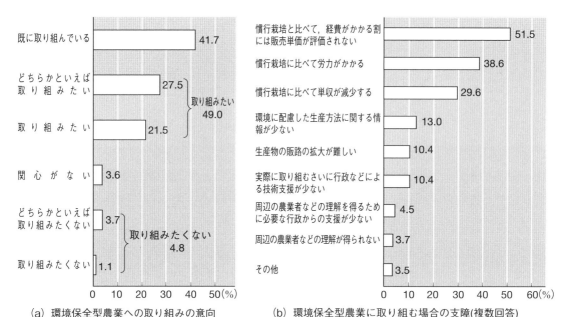

(a) 環境保全型農業への取り組みの意向　　(b) 環境保全型農業に取り組む場合の支障(複数回答)

（農林水産省「食料・農業・農村及び水産資源の持続利用に関する意識・意向調査」2011年）

図7　環境保全型農業への取り組みの意向と取り組んだ場合の支障

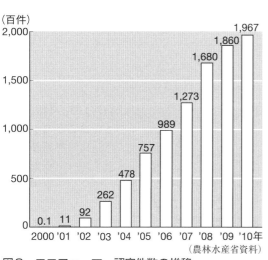

（農林水産省資料）

図8　エコファーマー認定件数の推移

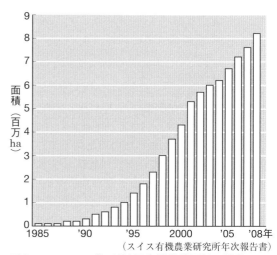

（スイス有機農業研究所年次報告書）

図9　ヨーロッパにおける有機農業面積の推移

有機農産物の生産動向

ヨーロッパでは1990年代のBSE汚染事件以後(→p.23)，有機農業が消費者の安全に対する信頼を得て，急速に普及❶している（図9）。しかし，その普及面積は国ごとで異なっており（図10），有機農産物が農産物全体に占める割合は，ヨーロッパにおいてもまだ少ない（図11）。

日本では，有機JASの認定を受けた圃場が，2010年には耕地面積全体の0.2%とさらに少ない。しかし，国内の有機農産物のJAS格付けの数量は，野菜を中心にしだいに増加してきている（図12）。

❶アメリカでは，「地域のコミュニティに支えられた農業」Community Supported Agriculture（CSA）を通じて，おもに都市近郊で普及している。

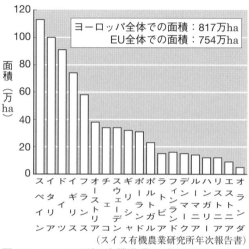

図10　EUの国別の有機農業面積（2008年）

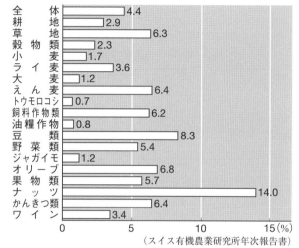

図11　EU27か国における有機農業の割合（2008年）

参考　品質表示基準制度

食品に対する消費者の関心が高まったことなどの理由から，1999年のJAS法改正により，2000年から消費者向けのすべての食品について品質表示基準が定められた。

表2　さまざまな品質表示基準

表示基準	対象
一般に適用されるもの	生鮮食品，加工食品，遺伝子組換え食品
個別の生鮮食品にかかわるもの	玄米及び精米，水産物，しいたけ
個別の加工食品にかかわるもの	食料缶詰及び食料瓶詰，飲料，食肉製品及び魚肉ねり製品，穀物加工品，農産物及び林産物加工品，水産物加工品，調味料，油脂及び油脂加工品，その他
個別の加工食品で原料原産地表示が義務付けられているもの	野菜冷凍食品，農産物漬物，うなぎ加工品，削りぶし

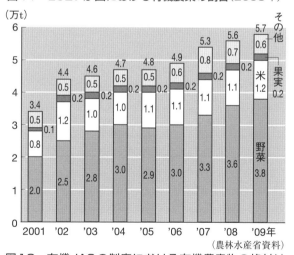

図12　有機JASの制度における有機農産物の格付け数量の推移

3　こんにちの農業経営

2 農業経営の変化

農業経営の変化の特徴　日本の農業経営は，国内における産地間競争や，海外の安い農産物との国際競争にさらされている。近年では，規制緩和がなされ，異業種の企業が農業に参入できるようになり，競争はさらに激しいものになっている。消費者ニーズをはじめとする社会経済環境の変化のもとで，農業経営者たちは，こうした競争にさまざまな対応をしてきている。近年の農業経営の変化として，以降のような特徴があげられる。

稲作経営の地位の低下　稲作では，兼業化や高齢化が進み，農業を主とする主業農家の割合が低い。農業全体の産出額に占める割合でみると，野菜のほうが高く，日本はオランダのような園芸国になっているといってよい(図13)。

大規模な農業経営の出現　かつては，日本の農業経営の特質として，経営の零細性が指摘されていた。しかし，小規模な農業経営は，絶対数では依然として多いものの，一貫して減少し続け，逆に大規模な経営面積をもつ経営が増えてき

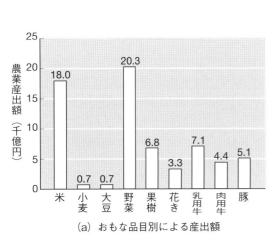

(a) おもな品目別による産出額

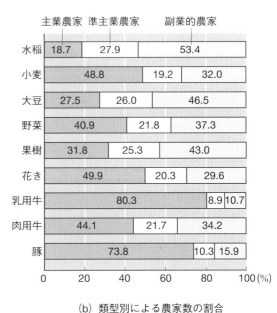

(b) 類型別による農家数の割合

(農林水産省資料　一部改変)

図13　おもな品目別農業産出額，農家数の農家類型別割合(2010年)

ている(図14，表3)。生産分野別にみても規模拡大してきており(表4)，現在では，畜産の生産規模は，欧米なみに達している。また，稲作でも，機械化の進展で，家族経営であっても30 haをこえる大規模経営がみられるようになった。

なお，欧米の畜産は，養鶏など一部の種類を除いては，家畜を自給飼料によって飼育していることが多いが，日本では，購入飼料にたよる加工型畜産が主流である。

また，規模を拡大するだけではなく，品質のよい農産物商品の差別化を進め，国外へ販売する経営もみられるようになってきた。

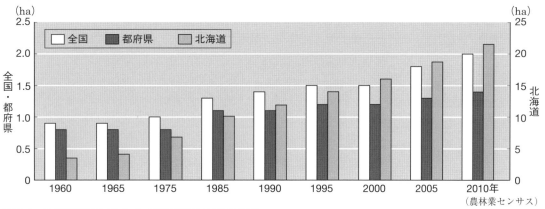

図14 販売農家1戸あたりの経営耕地面積の推移

表3 経営耕地面積規模別の販売農家数の推移
(単位：万戸，%)

		1990	1995	2000	2005	2010
北海道	3.0 ha未満	2.1 (23.7)	1.6 (21.9)	1.3 (20.9)	1.0 (18.9)	0.8 (18.1)
	3.0〜10.0	3.4 (39.2)	2.6 (35.0)	2.0 (31.5)	1.4 (27.6)	1.0 (22.6)
	10.0〜20.0	1.6 (18.3)	1.5 (20.0)	1.3 (20.4)	1.1 (20.9)	0.9 (21.0)
	20.0〜30.0	0.7 (8.6)	0.7 (9.7)	0.7 (10.4)	0.6 (11.7)	0.6 (13.0)
	30.0〜50.0	0.6 (7.2)	0.7 (8.9)	0.6 (10.2)	0.6 (12.1)	0.6 (14.1)
	50.0 ha以上	0.3 (2.9)	0.3 (4.5)	0.4 (6.6)	0.5 (8.9)	0.5 (11.2)
都府県	1.0 ha未満	175.3 (60.8)	155.7 (60.4)	135.8 (59.7)	110.9 (58.0)	144.4 (91.0)
	1.0〜3.0	100.5 (34.8)	88.3 (34.3)	77.3 (34.0)	65.8 (34.4)	
	3.0〜5.0	10.0 (3.5)	10.1 (3.9)	9.9 (4.4)	9.4 (4.9)	8.6 (5.4)
	5.0〜10.0		3.0 (1.2)	3.6 (1.6)	4.0 (2.1)	4.3 (2.7)
	10.0〜20.0	2.6 (0.9)			0.9 (0.5)	1.2 (0.7)
	20.0〜30.0		0.5 (0.2)	0.8 (0.3)	0.1 (0.1)	0.2 (0.1)
	30.0 ha以上				0.1 (0.0)	0.1 (0.1)

(農林業センサス)

表4 農家1戸あたりの平均経営規模(経営部門別)の推移(全国)

	1960	1965	1975	1985	1995	2000	2005	2010
水稲(a)	55.3	57.5	60.1	60.8	85.2	84.2	96.1	105.1
野菜(a)	8.6	7.4	8.7	9.8	14.8	55.0	53.4	64.4
果樹(a)	20.1	—	36.1	37.8	46.0	56.8	60.7	64.3
乳用牛(頭)	1.1	2.0	6.9	16.0	27.4	34.2	38.1	44.0
肉用牛(頭)	1.2	1.3	3.9	8.7	17.5	24.2	30.7	38.9
養豚(頭)	2.4	5.7	34.4	129.0	545.2	838.1	1,095.0	1,437.0
採卵鶏(羽)	—	27	229	1,037	20,059	28,704	33,549	44,987
ブロイラー(羽)	—	892	7,596	21,400	31,100	35,200	38,600	44,800

(農林業センサス，家畜の飼養動向，畜産統計，畜産物流通統計)

新しい形の農業経営の出現

家族経営のほか,何人かが集まって会社のような組織をつくっている農業経営体(法人経営),労働力不足の農家などを支援する農業サービス事業体や農業公社の担い手としての役割が大きくなっている❶。

また,食品産業が農業者と連携して加工食品の製造・販売に取り組むといった農商工連携の動きや,先進的農業法人を中心に農業経営のネットワーク化を進めるという新しい取り組みもみられる。

知的財産権を活用する農業経営の出現

人々の知的な創造的活動によってうみ出される創作物などを,その経済的価値に着目して,**知的財産** とよんでいる。知的財産を保護する法律(知的財産基本法)で認められている権利が,**知的財産権**❷である。

農林水産業分野の知的財産のうち,知的財産権の対象になっているものは,次のとおりである。

育成者権:作物の新品種として新たに育種された種苗
特許権:肥料,農薬,栽培技術など,産業上利用できる発明
実用新案権:農耕具など物品にかかわる産業上利用できる考案
意匠権:加工食品など創作された物品の形状・色彩
商標権:販売者の名称やマークなど,商品につけられる標章

農林水産業の分野でも,多くの知的財産が存在し,知的財産権として保護されているが,これまで農業者には意識されていなかった。その理由として,公的機関が知的財産を開発することが多く,知的財産権を使用するのにかかる費用の負担は軽いものであったことがあげられる。

2007年,農林水産省知的財産戦略が策定されたこともあって,近年,知的財産を農業者みずからが創造し,それを戦略的に活用し,農業経営の競争力強化や地域活性化をはかろうとする動きがでてきた(図15)。知的財産権を意識することによって,消費者をひきつける付加価値の高い商品や地域ブランド商品の開発に力をいれることは,強い経営を実現するためには重要である。そのためにも,これからの農業経営者は法律に強くなければならない。

---

❶地域によっては,集落の全農家が協力して,農業生産だけでなく,農道の管理など,生活面も視野に入れて共同生活を進める集落営農活動も活発である。

❷価値があることから知的財産は,多くの人に利用されるべきである。しかし創造する者は,多くの場合,時間や経費をかけ大変な努力をして生み出しているものでもある。このため,創造者には,知的財産を一定期間,独占排他的に利用する権利が認められている。

農業・農村地域の多面的機能をみなおすビジネスの出現

農村女性の意識の変化や，男女共同参画社会基本法が，1999年に制定・施行されたことなどから，女性農業者の経営への参画が進んでいる。女性ならではの能力をいかし，食品加工・直売所・レストラン経営など，農業関連起業活動が顕著である。このように，農業経営の多角化の進展がみられる（図16）。

農業経営の多角化は6次産業化❶による新事業の創出をもたらしている。B級ご当地グルメもその一例である。ほかにも，地産地消といった理念のもと，環境保全型農業への転換や，農業・製造業・観光業などを組み合わせた，地域資源を最大限にいかす，**複合型アグリビジネス**への取り組みがみられる（図17）。

❶2010年に地域活性化のため，「6次産業化法」が制定された。

地域で栽培されたゆずを加工してつくられたジュース。商品名を商標として登録している。
(a) 商標権を取得した例

自然薯を栽培するさいに使用するパイプ。パイプに沿っていもが生育するため，収穫しやすい。
(b) 実用新案権を取得した例

図15　知的財産の活用事例

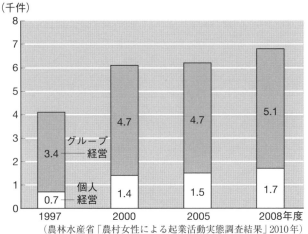

図16　女性農業者による起業数の推移
（農林水産省「農村女性による起業活動実態調査結果」2010年）

図17　複合型アグリビジネス

農業経営の課題

❶going concern（ゴーイング コンサーン）ともいわれ、長期に存続する組織でなければならないということ。したがって「もうからなければ、やめてしまう」といった安易な経営は、認められない。

農業経営は、農業経営者の意思（経営目的）によって組み立てられた**持続的組織体**❶であるといわれる。したがって、その運営にあたっては、経営者の適切で強い意思・意欲が大切である。経営の成功は、経営者自身の能力に依存する度合いが強くなってきている。持続的組織体であるということは、長期にわたって経営が収益力を保ち、成功し続ける必要がある。そのためには、目先の利益にとらわれず、まじめな姿勢と、先を見通す力、ものごとを見抜く洞察力などが必要である。いずれにせよ、国民から信頼される農業経営を実現しなければ、持続性を保つことはできない。

長期的に農業経営を展望すると、新たに、より付加価値の高い部門をとり込み、収益性の高い経営を実現していく必要がある。そのためには、加工部門やこれまでに取り組んでこなかった分野にチャレンジすることが大切である。

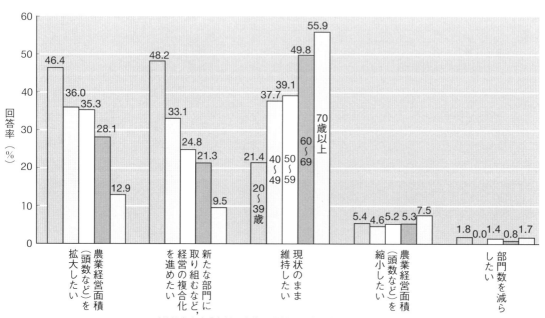

（農林水産省「食料・農業・農村及水産資源の持続利用に関する意識・意向調査」2011年）

図18 今後の農業経営に対する農業者の意向

第 **2** 章

農業経営の組織と運営

1 農業経営の主体と目標
2 農業生産の要素
3 農業経営組織の組み立て
4 農業経営の集団的取り組みと法人化
5 農業経営の運営

企業的大規模酪農経営

営農集団での
イネの育苗作業

1 農業経営の主体と目標

目標
・農業が，だれによって担われているかを知る。
・家族経営の特徴を知り，企業経営との違いを考える。
・農業における収益の意味を，はっきり理解する。

1 さまざまな農業経営

農業への新規参入

最近，農業に魅力を感じ，これをビジネスあるいは職業として選択しようとする人が増えている(図1)。また，異業種企業の農業参入もめだつ。かつて，農業を担っていくのは，農家の後継者だけであった。日本の農家では「いえ」と農業経営は一体とみなされ，「いえ」を継ぐことが，同時に農業経営を継ぐことでもあった。家産相続によって「いえ」を継ぐことと，事業の引き継ぎである農業経営を継ぐことは，本来，別のことである。農家の後継者でも，農業経営をビジネスとみなし，就農する人が増えている。

農業の主体

日本だけではなく欧米先進諸国でも，農業経営は，家族経営が支配的である。日本の現状でも，家族の幸せな暮らしの実現といった，生業的・家業的性格をもつ家族経営が多い。しかし，近年，欧米のように，職業としてビジネス感覚で経営を行う**企業的家族経営**がみられるようになってきた。農業経営の法人化が進み，非農家出身の就農希望者を多く雇った**企業(会社)経営**や，地域農業を支援する**農協出資農業法人経営**（→p.74）などが成立している。このように，日本の農業は，さまざまなかたち(企業形態)の農業経営によって担われるようになってきた。

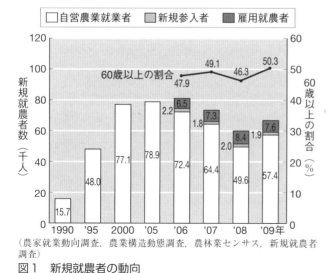

図1　新規就農者の動向
(農家就業動向調査，農業構造動態調査，農林業センサス，新規就農者調査)

家族経営の特徴

家族経営は、次のような特徴をもっている。

1) 経営の構成員がおもに家族であり、経営活動が基本的に家族によって営まれている。
2) 経営活動が、**家族周期❶**（ファミリーライフサイクル）に左右されやすい。家族周期によって、家族構成員や家族生活が変化するため、それに対応した経営構成員の変化や、経営の展開がみられる（図2）。一般に、二世代夫婦がそろう時期に、最も経営の充実・発展がみこまれる。
3) 家族の生活空間と、経営活動の場所が一体であるため、経営と家計が未分離の状況になりやすい。資材を買う予定の資金が生活費になってしまったり、販売用作物の一部が自家消費にまわされるなど、経営と家計とのあいだで決済されないことが多い。

❶人間がうまれてから死亡するまでの期間に、繰り返される家族生活の周期的循環のこと。人間的営みのパターン。

家族経営の長所と短所

家族経営の構成員は、夫婦を基本とする平等な関係にあり、会社のように、雇用主と雇われ人という階層関係がない。このため、だれからも拘束されず、自由な意思で経営活動ができる。

しかし、一方で零細な個人企業としての弱点をもつ。たとえば、経営がおもに家族員で構成されているため、だれかが事故などにあった場合、労働力の補充がきかず、農業経営を継続できなくなることがある。また、赤字で倒産した場合、その責任をすべて自分たちで負わなければならない❷ため、大きな事業に挑戦しにくい。

❷これを**無限責任**という。株式会社や合同会社では、出資者は損失に対して出資額の分だけ責任をもつ。これを**有限責任**という。

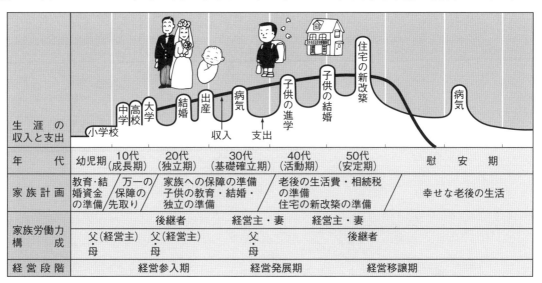

図2 家族周期と経営周期

家族経営のサイクル

1人の農業経営者としてみると，経営活動は次の三つの時期に分けられる。

1) 第一期は，就農してから生産技術や経営能力を身につけ，経営者として出発するまでの経営参入期（創業期）である。この時期に，魅力ある将来の職業として，農業を選択するかどうかの判断を行わなければならない。

2) 第二期は，経営の成長・存続期である。この時期の初めは，経営の規模を拡大したり，新たな事業や技術に取り組み，経営の成長をはかる。さらには，その改善・整備につとめ，経営の存続をはかる。

3) 第三期は，経営から引退し，経営資産をゆずり渡していく，経営撤退（移譲）期である。

家族経営は，こうしたサイクルを繰り返しながら受け継がれていく（図3）。

図3　家族経営の継承と経営効率

家族経営の継承

欧米における家族経営の受け継がれかた（**経営継承**）は，親の農場などを購入する**農場購入型**と，親から相続する**農場相続型**に大別される。日本の場合は相続型で，後継者へ引き継がれていく。家族経営の特質は，経営継承の困難さにある。引き継ぎ時である経営参入期に，とくに購入型では，引き継ぎの費用（移譲コスト）がかかるためである。

図4　アグリカルチュラルラダー（農業のはしご）

❶仕事をしながら能力を高めていく職場内教育,オンザジョブトレーニング(On the Job Training)のこと。
❷父子・兄弟・知人などによる共同経営をいう。なかでも,父子契約ともよばれる親との共同経営が多い。アメリカでは,ふつう,一定期間の営農経験をへたのち,共同経営に参加する。利益の分配は,契約に基づいて行われる。
❸これまでの仕事の経験をふまえ,自分の能力を高めていくための将来設計を立てること。
❹所得税を申告するとき,青色の用紙に記入するため,こうよばれる。簿記の記帳義務がある。記帳義務のない**白色申告**に比べ,さまざまな特典があり,税金の節約につながることが多い。
❺多くは,農協や普及指導センター(→p.128)の紹介で,文書をとりかわしている。

　デンマークなどでは,後継者は親や他人の農場で働いて,その報酬を農場購入の資金としてたくわえる一方,生産技術と経営者能力を磨く。職場教育(OJT❶)を兼ねた経営の引き継ぎのしくみを,**アグリカルチュラルラダー(農業のはしご)**という(図4)。このしくみは,かつてアメリカなどでもみられていたが,農場購入に必要な資金が大きすぎることなどから維持できなくなり,親などとの**パートナーシップ(共同)経営**❷がみられるようになった。

　パートナーシップ経営によって,参入コストを分散させるしくみをつくっていること,徹底した農業教育によって農業者としての能力を高め,失敗のリスクを小さくしていくことが,継承を容易にしているといえる。欧米で農業を職業として捉える背景には,このようなビジネス意識がある。日本でこうした農業者としてのキャリアパス❸機能を果たしているのは,一部の法人経営に限られているといってよい。

企業的家族経営

　青色申告❹では,家族の農業専従者を従業員とみなし,その給与を経費として申告できる。実際に,家族の労働を正しく評価し,給与を支払う企業的家族経営が増えている。これは,**家族経営協定**が結ばれる❺ようになってきたためである。

　家族経営協定は,作業分担や労働時間・休日などの就業条件,給与や報酬などの待遇条件,経営計画や経営の引き継ぎなどについて,家族構成員のあいだで企業経営と同じようにとり決め(契約)することをいう(図5)。これによって,家計(生活)と経営の分離も明確になるため,農業経営から独立して家計を営むことができ,生活設計を立てやすい。

図5　家族経営協定

1　農業経営の主体と目標

企業経営

雇用した労働力によって生産や販売を行い、従業員に賃金を支払い、営利を目的とする経営を **企業経営** という。個人の資質や能力にたよることが多い個人企業としての家族経営の枠にとどまっているかぎり、経営の大きな発展はむずかしい。このため、農業経営においてもより広く人や資本を集めることができるかたちの、企業経営の発達がうながされることになる。

企業経営は、出資にともなう責任の範囲や経営のありかたによって、**合名会社・合資会社・合同会社・株式会社・農事組合法人**❶などに分けられる(表1)。農事組合法人(図6)による経営は、農業者が相互扶助の精神に基づいて協力しあって、経済的に弱い立場にある状態を克服しようとする農業協同組合タイプのものである。

❶組合員の議決権は、出資額の多少にかかわらず、1人1票である。

(→p.72)

図6 農事組合法人

表1 さまざまなタイプの企業経営

企業形態	出資者の数	出資者の責任	最高意思決定機関	権利の譲渡	おもな特徴
個人企業	1人	無限責任	──	──	小規模の企業
合名会社	1人以上	無限責任	社員総会	社員総会の承認が必要	家族や親せきなど、限られた人々のあいだでつくられることが多い。
合資会社	2人以上[1]	無限責任 有限責任	社員総会	社員総会の承認が必要[4]	合名会社より資金の収集力は大きいが、小規模。
合同会社	制限なし[2]	有限責任	社員総会	社員総会の承認が必要	構成員の全員の一致が原則で小規模。1人につき1票の議決権。
株式会社	制限なし[3]	有限責任	株主総会	自由	すべての規模の事業に適している。1株につき1票の議決権。
農事組合法人	3人以上	有限責任	組合員総会	組合員総会の承認が必要	相互扶助の精神

1) 無限責任・有限責任の者が各1名以上。2), 3) 1人でもよい。
4) 非業務執行社員の有限責任社員は、業務執行社員全員の承認が必要。

2 農業経営の目標

農家は，農業経営という事業を行っているため，一般の会社と同じように，経費を節約して売上を伸ばし，利益（もうけ）をあげなければならない。

農業経営の理念と目的

前に述べたように，同じく家族経営といっても，さまざまな農業に対する信念（理念）や目標をもち，経営を行っている。しかし，大別すると，生業・家業的性格のタイプと企業的性格のタイプに分かれる。

生業・家業的性格のタイプは，経営目的が，「豊かな農家生活の実現」といった，漠然とした内容のものになり，家の財産の維持や家族のしあわせを実現する農業所得の確保になる。これに対して，企業的性格の家族経営では，経営理念や目的，経営ビジョンが明確であり，経営成長のための農業利潤の達成を目標にしている。

経営理念とは，経営行動の規範を示す基本的な考えかたのことであり，経営者がもつ信念・価値観（農業観）をいう。一般に社訓は，これを言葉で示したものである。

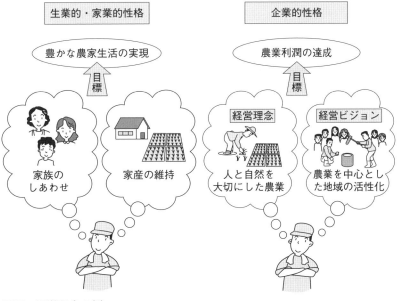

図7　経営理念の例

農業粗収益

売上高(収入)から経費(支出)を差し引くと、利益(もうけ)がわかる。

農業経営において生産される農産物は、その多くが、直接、あるいは市場を通して販売される。しかし、一部、販売されずに家庭で消費(**家計仕向**)されたり、自給資材として使われることがしばしばある。販売による現金収入だけではなく、この現物部分も収入とみなされる。現金収入と現物収入をあわせて**農業粗収益**(粗収入)という。この粗収益は、実際には売上高を意味するが、売上高といわないのは、他の企業と比べ、自家消費などの家計仕向部分が比較的多いためである(図8)。

農業粗収益は、総生産(販売)量×販売単価として、また、総生産量は、単位あたり❶生産量×規模❷として示すことができるので、次のような式であらわされる。

農業粗収益 ＝ 単位あたり生産量 × 規模 × 販売単価 ………(1)

商店などでは、売上を伸ばすことが、そのままもうけの増加につながることが多い。農業経営でも、粗収益を大きくすることは、もうけを増やすための大切な条件の一つである。このため、生産技術の改善によって、単位あたりの生産量を増やしたり、生産規模を拡大したり、高品質の生産物の生産や販売方法の工夫によって、よりよい価格を実現することは、重要である。

❶たとえば、10aあるいは1頭あたりなど。
❷総作付面積や総飼育頭数・羽数など。

農業経営費

粗収益を増やすことが、そのままもうけの増加につながるとは限らない。たとえば、栽培や飼育の

図8　縁故米の譲渡(上)と自家消費(下)

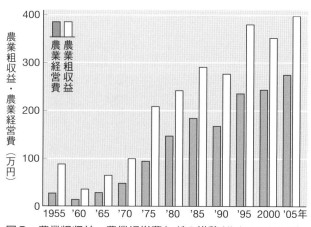

図9　農業粗収益・農業経営費などの推移(農家1戸あたり)

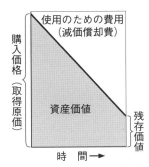

図10 減価償却費と資産価値

❶たとえば,減価償却費の計算には,定率法や定額法がある。自給物は,市場価格を基準にして評価したり,それにかかった費用で計算する。(→p.181)

❷支払地代は,米などの現物で支払われることがあるが,金銭に換算する。

❸この自給部分のほとんどは,家族労働費とみてよい。

技術に熱心なあまり,経費が多くかかっていることに気づかずに,生産量を増やすことだけに力を注いでいたのでは何にもならない。

もうけを増やすもう一つの方法は,できるだけ経費を少なくすることである。経費は,ふつう,1年間の経営活動にかかった出費のことをさす。家族経営の場合,この経費を**農業経営費**という。農業経営費は,次のような項目の費用の合計である(表2)。

農業経営費 = 物財費 + 雇用労働費 + 支払地代 + 支払利子…(2)

物財費とは,生産のためにかかる労働費以外の費用のことである。費用には,現金費用と非現金費用とがある。現金費用とは,材料費や水利費・修繕費などのように,現金支出をそのまま費用とするものである。一方,非現金費用とは,たとえばコンバインといった固定資本の**減価償却費**(図10)のように,購入時の現金支出をそのまま費用としないものや,自給資材のように現金支出をともなわないものである。非現金費用は,一定の方法❶で計算する。物財費以外の雇用労働費や借入地の支払地代❷,借入資本の支払利子については,実際に現金を支出するので,経費として計上する。しかし,家族の労働,自作地の地代,自己資本の利子などの,いわゆる自給部分(図11)については,経費に計上しない❸。

表2 農業経営費と農業生産費の費目の違い(イネの場合)

農業経営費には,物財費の自給部分などは計上しないが,農業生産費には計上する。たとえば肥料費の場合,農業経営費では購入した肥料だけを計上し,農業生産費では購入肥料・自給肥料とも計上する。この関係は,他の費目についても同じである。

	農業経営費	農業生産費
物財費	種苗費 肥料費 農業薬剤費 光熱動力費 その他の諸材料費 土地改良・水利費 賃借料・料金 物件税・公課諸負担 建物費 農機具費 企画管理費[1] 農業雑支出	種苗費 肥料費 農業薬剤費 光熱動力費 その他の諸材料費 土地改良・水利費 賃借料・料金 物件税・公課諸負担 建物費 農機具費 生産管理費
	雇用労働費	労働費	雇用労働費 家族労働費
	支払利子	資本利子	支払利子 自己資本利子
	支払地代	地代	支払地代 自作地地代

1) 広告代や交通費・受講料などの費用。

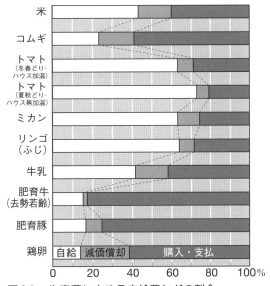

図11 生産費に占める自給費などの割合

企業経営の収益目標

農業経営も，会社組織のような企業経営になると，労働者には賃金を，地主には地代を支払い，資本利子部分もすべて経費に計上する。自給部分は，見積もりを計上する。これを**農業生産費**という。

農業粗収益から農業生産費を差し引いた残りが**農企業利潤**である（図12）。農企業利潤は，経営のさらなる発展のために自由に利用できるもうけである。このため，一般に，経営を持続的に維持・発展させなければならない宿命にある企業にとっての，収益目標とされる。なかには，**農業利潤**[1]が企業経営の目標とされる場合もある。

原価

生産費[2]は**原価**ともいう。単位あたり原価は，価格設定のめやすとなる。すぐれた経営者は，自分の生産する農産物の原価をもとに単価の交渉を行う。その価格で契約できれば，利潤を確保できるためである。

家族経営の収益目標

農業粗収益から農業経営費を差し引いたもうけが**農業所得**（図13）であり，ふつう，家族経営の収益目標とされる。農業所得は，家族労働費をはじめ，自作地地代や自己資本利子，および，農企業利潤に相当するものも含むと考えることができるため，**混合所得**といわれる。地代と利子の部分は，すべて経費に見積もり，家族の労働に対する報酬の部分だけをもうけとみなす**家族労働報酬（労働所得）**が，収益目標にされることもある。

また，アメリカ合衆国などでは，経営者以外の家族労働の部分を経費に計上した，**経営者労働所得**[3]を経営目標にする。これは，家族経営であっても，経営者としての機能を明確に分離して把握すべきという考えに基づいている。日本でも，家族労働に対して報酬が支払われる農業経営が多くなっており，これを収益目標としてもよい。

[1] 地代 ＋ 資本利子 ＋ 農企業利潤
[2] 生産費は，経営内の一つひとつの生産物の生産にかかる費用，つまり，原価のことである。kgあたりなど，単位あたりの原価を計算することによって，販売価格を決めるめやすが得られる。
[3] 経営者労働報酬 ＋ 農企業利潤

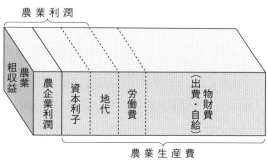

図12　農企業利潤

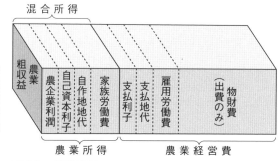

図13　農業所得

2 農業生産の要素

目標
- 農用地の大切さを知り，その正しい利用のしかたを考える。
- 他産業の労働と農業労働の違いを知り，そのじょうずな利用のしかたを考える。
- 「経済的に農業資本を利用する」とは，どういうことかを理解する。

1 生産と経営の要素

生産過程と流通過程

農業経営活動は，大きく，①農産物を生産する工程❶，②生産をするための資材を購入したり，農産物を販売したりする工程❷とに分けられる（図1）。

❶，❷それぞれ，**生産過程・流通過程** という。

経営の要素

農産物を生産するためには，種子・肥料・農機具などの物財，労働力そして土地（農用地）が必要である。これらの物財のことを **資本財** とよび，土地・労働・資本を一般に **生産の3要素** という。生産の3要素は，経営をなりたたせる要素でもあり，**経営の3要素**❸ともよばれる。

❸これに「知識」を加え，**経営の4要素** ということもある。

（a）生産過程

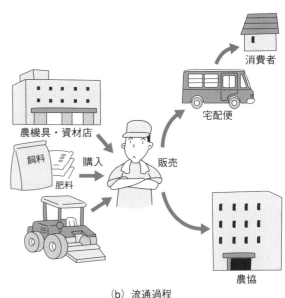
（b）流通過程

図1　生産過程と流通過程

技術

労働力・土地・資本(農機具・肥料など)の三つの要素が、つりあいよく結びついていないと、農業生産の効果は高まらない。これが高まるように、経営の要素を意識的に結びつけた状態を **技術** という。したがって、農業経営の要素を有効に利用するということは、農業経営をどのような技術を基礎として運営するかということでもある。

技術は、トラクタによる耕起やコンバインによる収穫のように労働手段に関する **機械工学的技術**❶と、作物の栽培管理のような、労働対象に関する **生物・化学的技術**❷とに大別できる。ふつう、機械工学的技術進歩は **労働生産性** を高め、生物・化学的技術の進歩は **土地生産性** を高める。この両方のバランスのとれた体系的な技術進歩が望まれる(図2)。

❶農業機械や施設など、労働の手助けになるものを **労働手段** といい、それにかかわる技術をM(mechanical)技術ともいう。

❷生育をうながすために、作物に施肥という労働をしたとする。この場合、作物が労働対象であり、それにかかわる施肥技術などをBC(biochemical)技術ともいう。

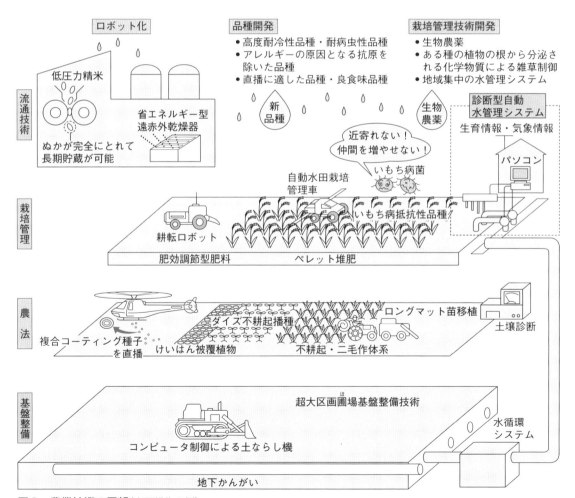

図2 農業技術の展望(水田耕作の例)

2 生産要素の特性と利用

土地の特性

農業が工業と基本的に違うところは，土地が重要な生産手段である[1]ということである。工業にとって，土地はたんに敷地空間にすぎないが，農業にとっては，次のような意味をもっている。

1) 土地は，地表の一部であり，人間が生産することができない（生産不可能性）。土地は，生態系をもち，その中で水や養分をたくわえ，作物に供給する。こうした土地の働きを **地力**（肥沃度）という。地力は，土地を適切に管理すれば良好な状態で持続的に維持できる（不可滅性）が，間違った利用をすれば低下する。地力は，人為的要因に左右されやすい。

2) 土地は，農業生産活動が行われる場所であり，動かすことができない（移動不可能性）。標高や地勢・気候などの自然的立地条件は，かえることができないため，農業生産は地域によって多様である（地域性）。このため，その土地の土壌や気候に合った作目の選択，適地適作が求められる。また，農業生産は広い空間・面積（外延性）を必要とする。

農業生産は，土地の立地と広さ（空間）の条件に強く影響されることから，これを適切に，かつ，有効に利用する[2]ことは，農業経営の大切な課題である（表1）。

[1] 養液栽培のように，土壌を利用しない生産方法もみられるが，その割合は少ない。

[2] アメリカなどでも，「wise use（持続的な賢い土地の利用のしかた）」が強調される。

表1　農業経営に利用する土地の分類

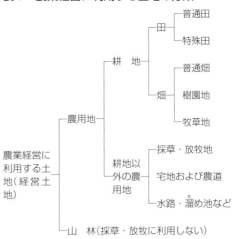

土地の有効利用

日本の耕地率・農用地率❶は，世界のおもな国々と比べて低い（図3）。草地（放牧）型畜産が少ないため，とくに，農用地率は低い。かつて，日本の耕地は，外国に比べると集約的に利用されてきた。

しかし，いまでは水田も含め，耕地利用率❷は低下してきており（図4），耕作放棄地❸も増えている（図5）。日本は，山地が多く，耕地や草地の条件に恵まれていないとはいえ，限られた土地の有効利用は，農業生産力の維持・向上のためだけでなく，国土を保全するうえでも大切である。

❶ 耕地率（％）
$= \dfrac{\text{耕地面積}}{\text{土地面積}} \times 100$

農用地率（％）
$= \dfrac{\text{農用地面積}}{\text{土地面積}} \times 100$

❷ 耕地利用率（％）
$= \dfrac{\text{作付（栽培）延べ面積}}{\text{耕地面積}} \times 100$

❸ 過去，1年以上，作付けされておらず，今後も，数年は作付けする意思のない土地のこと。

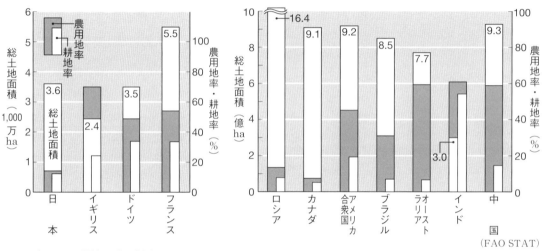

図3　主要国の耕地・農用地率（2007年）
注1）　総土地面積は，河川や湖沼などの内水面も含む。
　2）　ここでの農用地は，耕地＋永久採草・放牧地（草地）とみてよい。
　3）　原統計は2007年となっているが，国によって，調査年次や内容に多少の差がある。

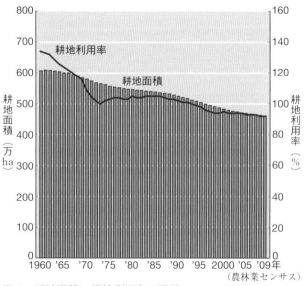

図4　耕地面積・耕地利用率の推移

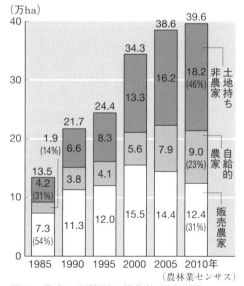

図5　農家の形態別の耕作放棄地面積

農法❶転換

化学農薬や化学肥料を投与しすぎることが，農産物（食料），土壌，地下水あるいは河川を汚染するなどの環境公害問題をひき起こしている。その象徴が，土壌中の硝酸塩蓄積❷である。単作（連作）型の，あまりにも生産効率を求めた，現代の大規模農法のマイナス面があらわれたといわれる。

このため，環境にやさしい農業のありかたが求められ，なるべく化学農薬や化学肥料などを使わなくてすむ農法（**低投入型農法**）❸や，**有機農法**がみなおされている。有機農法は，堆肥などの有機質肥料を利用することで，土壌中の微生物の活動を活発化させ，地力の維持・向上をもたらす農法である。有機農法の本質的な特徴は，農業経営の内部で地力維持がはかられ，持続的に農業生産ができる資源循環型のしくみになっていることである。有機農産物は，こうしたしくみの有機農業生産基準に基づいて生産されたものであると認証された農産物である。(→p.31)

土地基盤整備

かんがいや排水施設の設置，客土❹，区画整理，農道の改修など，農用地の性質を改善するための土地基盤整備は，農業経営改善にとっての基礎条件である（図6）。

❶農業技術の一定の体系のことを**農法**という。たとえば，「有機農業」は俗称であるが，これを技術体系をもつものとして表現するときには，「有機農法」という。
❷硝酸塩は，発がん物質といわれ，窒素肥料（家畜糞尿も含む）の施しすぎが原因とされている。
❸減化学農薬・減化学肥料農法などとよばれる。
❹性質の異なる土壌を混入し，従来の土壌の性質を改良すること。

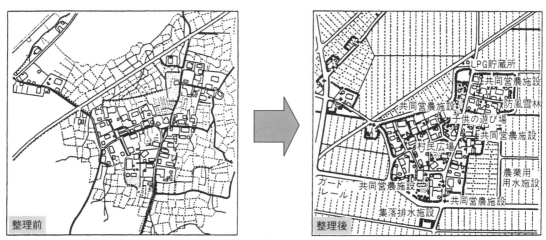

雑然としていた耕地が，整然と区画され，農機具の利用などが効率よく行えるようになった。
図6　土地区画整理

農業労働の特性

農業労働には，工業労働とは異なる次のような特性がある。

1) **栽培適期や天候など，自然条件に左右される**：生物を対象にする農業生産には，作業適期があり（図7），工業のように，年間を通して平均的に労働需要があるわけではなく，季節によって，農繁期と農閑期ができる（図8）。生物の生育・成長のライフサイクルにあわせて，農業労働を行わなければならないため，季節の臨時労働力を必要とすることが多い。

また，野菜の早朝収穫のように，1日のうちでも作業に適した時間帯が限られることがある。天候が急変した場合には，予定の仕事を変更して対応しなければならないこともある。

2) **移動しながらの労働が基本である**：農業労働は，農用地という一定の広がりのなかで行われるため，移動作業にならざるを得ず，工業労働のような定置作業は少ない。農用地は，1か所にまとまっていたほうがよいとされる。あちこちに遠く分散している**分散耕地**の状態（図9）では，移動ロスが生じるからである。規模が大きいほど，移動が多くなるので，移動ロスが生じないように工夫することが大切である。

3) **経験に培われた技術力がものをいう**：生命体を対象とする労働であり，生育のようすを正しく見分けるには，長年の経験が必要である。経験の有無による，仕事のじょうず・へたは，経営成果に大きく影響する。「稲づくりに熟達した農業者は，つねに稲の顔がわかる」[1]といわれるし，多頭飼育の酪農家でも，「1頭1頭の牛の個性」をよく知っている。

[1] このほか，「稲のことは稲に聞け」といわれる。日常の観察の大切さを教えてくれる言葉である。

図7　適期を逃さないように共同で行うイネの収穫

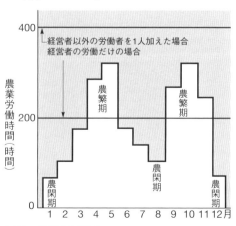

図8　労働の季節性

労働力の合理的利用

農業労働の特性をふまえ，じょうずに労働力を配置し，労働効率を高め，労働生産性を向上させる工夫をしなければ，よりよい経営成果をあげることはできない。

作期の異なるさまざまな作目や作型❶を組み合わせることによって，年間を通した労働配分が可能となる（図10）。

分業

労働は，作業（肉体）労働と管理（頭脳）労働とに分けられる。さまざまな労働を分担しながら行うことを **分業** という。家族経営においても，分業がみられる。分業によって労働生産性があがることを **分業の利益** という。この利益は，次の理由から生じてくる。

1) 複雑な仕事を部分に分けることによって，それぞれの作業を単純化し，熟練していない人でも仕事に参加させることができる。
2) 1人ですべてを行わなければならないときに生じるむだを，はぶくことができる。
3) 部分の仕事に専念することによって，専門的な技術が身につく。

❶作目とは，作物や家畜の種類の総称，作型とは，栽培時期や方法の違う作付体系をさす。

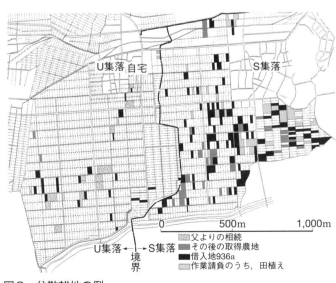

図9　分散耕地の例

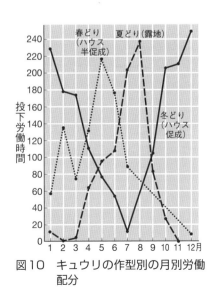

図10　キュウリの作型別の月別労働配分

2　農業生産の要素

農業資本の特性

農業資本は，**固定資本**と**流動資本**とに分けられる。固定資本は，農用機械・施設・大動物❶・果樹や茶樹など，1年以上の長期にわたって繰り返し農業生産に利用される資本である。流動資本は，肥料・農薬・飼料など，1回の農業生産（1年以内の短期間）で利用されつくされる資本である。固定資本や流動資本は，次のような特性をもっている。

❶ウシやウマ，種豚など。

■**固定資本** 1）分割して利用することができない。
　　　　　　2）間接的にしか収量の増加に結びつかないものが多い。
　　　　　　3）年々，減価償却し，価値を失っていく。

■**流動資本** 1）必要に応じ，分割して利用できる。
　　　　　　2）収量（生産量）の増加に直接結びつくものが多い。
　　　　　　3）用途が同じであっても，それぞれ種類の違うものが多い。たとえば，牛は粗飼料でも濃厚飼料でも飼育できるが，「どちらをどれだけ選択するか」の幅は大きい。

農業資本の適切な利用

流動資本は，その特性上，農業経営の収入に直接影響を及ぼす経営要素である。

すぐれた農業者は，作物や家畜の生育状態をみて，これらの流動資本を適切に利用する方法を知っている。流動資本の利用と収量（生産量）のあいだには，**収穫漸減の現象**（図11）が起こることが多い。固定資本を有効に利用できなければ，過剰投資になりやすい。

参考　収穫漸減の現象—イネの収量と施肥量との関係を考えてみよう—

イネの収量は，施肥量が少ないときは低く，増やすと高くなる。しかし，施肥量が多すぎると，倒伏などのため，逆に低くなる。この関係は，ほかの作物にもあてはまり，これを図示すると図11の収量曲線になる。

「施肥量を1kg（1単位）増やしたとき（**限界投入**）の収量の増加分（**限界収量**）はどれだけか」というように，肥料の増収効果をくわしくみていくと，施肥量が少ないある段階までは，その効果は著しいが，やがて小さくなり，ついにはマイナスとなることがわかる。これを**収穫漸減の現象**とよぶ。最高収量（限界収量ゼロ）のところが**集約度限界**である。

「どれだけ肥料を投入すべきか」。この問題に答えるには，収量と投入量をそれぞれ金額，すなわち粗収益と費用におきかえ，採算があうかどうかを考えてみる必要がある。

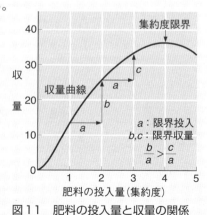

図11　肥料の投入量と収量の関係

変動費と固定費

流動資本にかかる費用は **変動費** であり，固定資本にかかる費用は **固定費** になる。総変動費はその利用量(生産量)に応じて変化し，総固定費は，利用量の変化にかかわらず，一定である。

たとえば，あるトラクタを水田の耕起作業に1haしか利用しなくても，10haに利用しても，減価償却費・税金・保守点検費などの固定費の総額は，どちらも同じである。しかし，トラクタの利用面積(回数)が多くなると，それだけ，燃料費などの総変動費は増える。

一方，トラクタの利用面積が多くなると，10aあたりの固定費は低下する。10aあたりの燃料費はかわらない。つまり，変動費の場合，利用度(生産量)が増しても，利用(生産)1単位あたりの費用は同じである。しかし，固定費の場合は，利用度が増すほど，利用1単位あたりの費用は低下する(図12)。

農業経営の経営戦略を考えるにあたって，変動費と固定費の特徴の違いを知っておくことは重要である。あとで学ぶ複合化や組織化(集団化)などは，できるだけ固定資本の利用率を高め，単位あたりの固定費を低めるための工夫であり，**コスト・リーダーシップ戦略(低コスト化戦略)** とよばれる経営戦略の一例である。

機械化

農業技術の進歩は，固定資本装備率[1]を高める方向で進んできた。なかでも，農機具資本の割合が多く，機械化が進展している(図13)。機械化の役割は省力効果のほか，能率向上効果，仕事の均一効果，力効果[2]がある。

---

[1] 投下労働8時間(1日)あたりの固定資本額のこと。次の式で示される。

農業固定資本装備率 = $\dfrac{\text{農業固定資本額}}{\text{投下労働時間}} \times 8$

[2] 人間にはできない，力を必要とする仕事を継続してできるという役割。

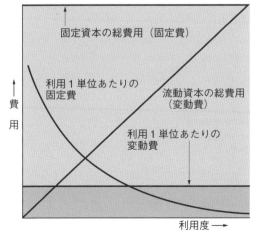

図12　固定資本・流動資本の利用度と費用の変化

田植え定規を用いた田植え　　乗用田植機による田植え

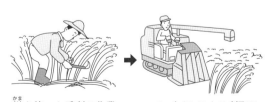

鎌を使った手刈り作業　　コンバインによる刈取り

図13　農業機械の普及

3 農業経営組織の組み立て

目標
・農業の経営組織を理解する。
・農業経営者が,どのような理由で作目を選択するかについて考える。
・農業経営が,なぜ複合化・多角化するのかを知る。

1 農業経営組織

作目・地目,経営部門

水田・畑地・草地など,農業に利用する土地の種類を**地目**という。また,栽培する作物や飼育する家畜の種類を**作目**という。同じような経営的性質をもつ作目をまとめて**経営部門**❶とよぶ(表1)。

地目や作目・経営部門の組み合わせで構成される農業経営の姿のことを**農業経営組織**❷という。たとえば,稲作経営や酪農経営,水田経営,畑作経営,草地酪農経営などは,農業経営組織を具体的に区分したものである。

❶たんに**部門**ともいう。

❷経営方式・経営形態といわれることがある。

表1 農業経営の部門・作目の分類

組織	部門	部門¹⁾(作目)	作目²⁾(部門)	作物・種類(作目)
経営組織〔経営方式 経営形態〕	耕種	普通作	稲　作	イネ
			麦　作	コムギ・六条オオムギ・ハダカムギ・二条オオムギなど
			雑穀作	ソバ・アワなど
			豆類作	ダイズ・アズキなど
			いも類作	サツマイモ・ジャガイモなど
			飼料作	トウモロコシ・カブ・牧草など
		工芸作：工芸作物作		タバコ・ナタネ・コンニャク・テンサイなど
		野菜作	施設野菜作	施設キュウリ・施設トマト・施設イチゴなど
			露地野菜作	ダイコン・ハクサイなど
		果樹作：果樹		リンゴ・ミカン・ブドウ・モモ・ナシなど
		草花作：草花作		チューリップ・キク・カーネーションなど
	養畜	畜産	酪農	乳用牛
			肉用牛	肥育牛・繁殖牛など
			養豚	肉豚・繁殖豚など
			養鶏	採卵鶏・食鶏など
			その他畜産	養蜂など
		養蚕　養蚕		養蚕
	加工	加工	農産物加工	つけもの・わら加工など
			畜産物加工	ハム・ソーセージ加工など
			林産加工	シイタケ・ナメコなど

1),2) 同じ項目について,部門とよぶ場合と,作目とよぶ場合があるが,おもに,どうよぶかを示した。かっこ内は,そのようによぶこともあることを示している。

農業経営者にとって，農業経営組織を組み立てることは，最も大切な意思決定の一つである。農業経営を持続的に維持していくために，どの地目で，どの経営部門または作目を選択するべきかを判断することが，基本的な経営戦略となるからである❶。

経営の外部環境・内部環境

外部環境とは，自然条件や立地条件，社会的・経済的条件など，個人の力ではかえることができない，経営に影響を及ぼす力のことである。**内部環境**とは，自分の経営がもつさまざまな内部資源をいう。農業経営組織を組み立てるにあたっては，外部環境の何がチャンスで，何が脅威であるか，内部資源の何が強みで，何が弱みであるかを明らかにする必要がある。これを**SWOT❷分析**（スウォット）という。

■**自然条件**　選択しようとする作目が，地域特有の気象・土質・地形・水利などの自然条件にあっているかどうかの判断は，非常に大切である（図1）。

農業経営においては，自然条件が絶対的強み❸になることがある（適地・適作）。

■**立地条件**　市場や消費地までの経済距離の違いによって，輸送費や貯蔵費などの流通経費が異なる。市場に近いところでは，鉢ものの草花など，集約的な作目が有利に立地し（図2），遠いところでは，放牧型畜産など，粗放的な部門が立地しやすい。

地産地消（→p.24）は，距離にかかわるさまざまなコストをなくす発想といってもよい。輸送手段・技術の進歩によって経済距離が縮まったとはいえ，立地の差も，農業経営組織に大きな影響を与える。

❶大企業の場合でも，どのような商品を開発し，どういう経営組織にするかは重要な意思決定である。

❷strengths（強み），weaknesses（弱み），opportunities（機会），threats（脅威）の頭文字をとったもの。

❸自然条件と立地条件は，創業後は内部環境といえる。

広大な牧野で乳牛が放牧されている。
図1　自然条件による作目の選択

(a) 温室　　　　　　　　(b) 温室内部
温室内では，リーガースベゴニアが栽培されている。
図2　有利な経済距離をいかした作目の選択

■**社会的・経済的条件** こんにち，グローバル化や情報化の進展，安全性志向の高まりなどの消費者ニーズの多様化，生産や貯蔵・輸送技術の進歩，異業種の農業への参入など，社会的・経済的条件の変化は著しい。この変化に適切に対応し，農業経営組織の組み立てができなければ，農業経営は成功しない。

■**経営内部環境** 内部環境とは，次のような経営の個別事情のことで，経営者の意思によって変更できる内部資源である。

1) 経営耕地の大きさ，分散の程度，地目構成，土壌などの経営耕地事情（土地）。
2) 労働者数や能力などの労働力事情（ヒト）。
3) 農業用機械・施設の数や性能などの資本事情や資金（モノ・カネ）。
4) 1)～3)を有効活用できる経営者能力や知名度などの無形資産。

経営部門の選択

基幹作目（基幹部門）　農業経営の中心になる作目（部門）を基幹作目（基幹部門）❶という。農業経営組織を組み立てるには，選択可能な作目の中から，外部環境と内部環境を総合的に検討し，まず，基幹作目を決めなければならない。

　一つの作目がいつまでも基幹作目であり続けるとは限らず，外部環境と内部環境しだいでかわる。日本の多くの農業経営は，稲作を基幹作目としてきた。しかし，米価が低迷していることや，生産調整が強まっていることなどから，その地位は低下し，稲作以外を基幹作目とする地域が増えている。

❶基幹作目以外のものを副次的作目，または補完作目という。

(a) リンゴの栽培

(b) 温暖な地域で栽培される温州ミカン

年平均気温がリンゴは10〜14℃，ミカンは15〜16℃以上と，生育適温の影響を強く受ける。

図3　自然条件で規制される基幹作物

補足　比較有利性の原則

　いま，AとBの二つの地域において米とリンゴの二つだけを栽培し，同一の資本を投入した場合，それぞれ右の表のような10aあたり収量をあげて競争しているとする。また，この二つの作目とも国民にとって必需品であるとする。

　この例では，二つの作目ともA地域がまさり，B地域が劣る。この場合，A地域は比較有利性の高いリンゴに専門化し，B地域は競争の結果，収量は低くても，やむなく米に専門化することになる。

作目	A地域	B地域	有利性の程度 $\frac{A}{B} \times 100$
米	600 kg	400 kg	150%
リンゴ	3,200 kg	2,000 kg	160%

A地域とB地域の米およびリンゴの収量の割合を比較した場合，Bに対するAの比率のより高いリンゴのほうにA地域の有利性があるといえる。

地域における基幹作目は，**比較有利性の原則**によって立地することが少なくない。また，6次産業化が進み，付加価値の高い加工部門を基幹部門にする農業経営もみられるようになった。

部門の収益性

作目の選択にあたっては，ふつう，収益性をまず第一に考える。収益性は，さまざまな要因に左右されるが，なかでも，価格条件に大きく影響を受ける。ほかの経営や産地にまねのできない，すぐれた生産物である差別化製品❶や高付加価値製品❷は，ふつう，高価格が期待できる。こうした部門を選択することを**差別化戦略**という。低コストで生産し，低価格で販売する部門を選択することを，コスト・リーダーシップ戦略という。(→p.57)

基幹作目が永久的にその収益性を保てない理由として，しばしば**製品のマーケットライフサイクル**❸（図4）が指摘される。したがって，未来の基幹作物の開発・導入をつねに心がけておくことが大切である。

収益性の指標として，10aあたりの収益や，1日あたりの収益が用いられることが多い（図5）。ただし，これらの指標は，もともと，それぞれ土地生産性や労働生産性の高さを示すものであり，経営全体の収益性をあらわしていない。これらの指標を使って収益性を判定するときには，どれくらいの面積で経営できるのか，または，年間どれくらい働けるのかなどを考慮する必要がある。

❶他の経営では供給できない，独自のすぐれた製品。
❷農産物に加工を加えたり，品質のよいものにかえて，価値を高めた製品。

❸製品が市場に出回っている年数（寿命）。新製品が開発され，市場に多く出回るようになっても，やがてはその勢いが衰え，生物体の誕生→成長→成熟→衰退→死と，同じような軌跡を描くこと。

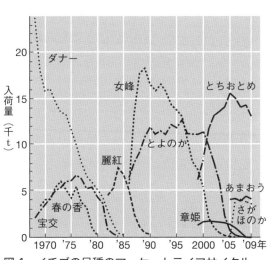

図4　イチゴの品種のマーケットライフサイクル
（東京中央卸売市場への入荷量の推移）

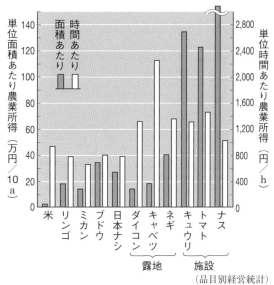

図5　主要作目の収益性の比較（2007年）
注．施設ものは1,000m²あたり，その他は10aあたり。
（品目別経営統計）

3 農業経営組織のなりたちと組み立て

農業経営組織のなりたちの意味

実際の農業経営においては、収益性がよい作目であっても、労働力や資金が不足していたり、土地条件が悪いといった、経営内部資源の問題などから、経営する耕地のすべてに作付けできないことがある。植物生産の場合は、生産の期間が限られ、むしろ、年間を通して栽培されることはめずらしい。

このため、次に収益性の高い作目を複数組み合わせることになる。場合によっては、収益性が高くない作目を組み合わせたほうが、耕地・労働力・農機具・施設など、経営の要素を有効に利用できて低コストとなり、経営全体としての利益が大きくなることもある。また、将来の収益性を見込んで、作目を組み合わせることもある。

単一化と複合化・多角化

経営組織が、一つの部門だけで構成されている農業経営を**単一経営**といい、二つ以上の部門からなるものを**複合(多角)経営**という(図6)。また、単一経営に近づくことを**単一化**または**専門化**といい、複合(多角)経営をめざすことを**複合(多角)化**という。

近年、とくに企業的な農業経営では、農産物や農業資材の輸送業、農産物の加工販売、農家民宿、農村レストランといった農業関連事業に取り組むようになってきた。このように、農産物の加工・運送・販売など、流通・加工方面の事業や、異なる生産部門に取り組んでいくことを**垂直的多角化**(図7(b))という。垂直的多角化は、さらに加工や販売のほうに多角化していく前方(川下)型と原材料調達のほうに多角化していく後方(川上)型に分類される。6次産業化は前方型垂直的多角化といってよい。

これに対し、現在の部門と技術的に関連性の強い生産部門をとり入れていくことを**水平的多角化**(図7(a))という。実際の複合化・多角化は、垂直的多角化と水平的多角化が同時に進められることが少なくない。

> **農業経営を複合化・多角化させる要因**

農業経営は、もともと、単一経営であるよりも、複合(多角)経営になりやすい条件をもっている。農業経営を、複合化・多角化へ導くおもな要因は、次のとおりである。

1) **耕地の有効利用**：限られた経営耕地面積を**輪作❶**や**多毛作❷**によって有効利用し、土地利用率を高めることが大切である。耕地の有効利用は、作目の増加をもたらすことになり、複数の部門から収入が見込まれ、より多い収益をあげる可能性が大きくなる。

2) **家族労働力や固定資本の有効利用**：たとえば稲作単一経営を、「稲作＋○○」というように、作期の違う部門を取り入れ多角化すれば、家族労働力を年間通して利用できるようになるだけでなく、機械や施設なども両方の部門で共通に利用できる。

❶同一の耕地に同じ作物を連続して栽培しないように、異なる作物を交互に作付けすること。
❷1年間に2回、あるいはそれ以上の回数、作物を同じ耕地で栽培し、収穫すること。

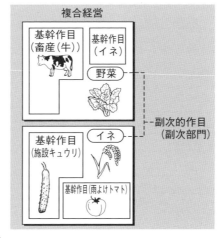

図6　経営組織のかたちの例

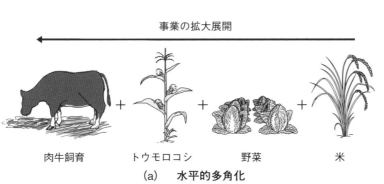
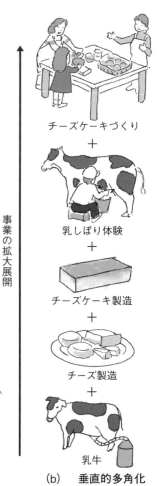

図7　水平的多角化と垂直的多角化

3) **中間生産物，とくに，副産物の有効利用**：イネをつくると，副産物としてわらがとれる。家畜を飼うと糞尿が出る。農業経営に稲作部門と家畜部門を組み入れていると，わらは，家畜の飼料や敷きわらとして，糞尿は堆肥にしてイネの肥料として利用できる（図8(b)）。

また，直接，最終生産物として販売するよりも，農業経営の内部で中間生産物として**う(迂)回生産**❶したほうが，流通経費を節約できたり，高付加価値製品を生産できるため，有利なことがある。このように，中間生産物を農業経営の中で有効に利用できることが複合化・多角化の大切な要因である。

4) **地力の維持・向上**：畑作の単一経営では，連作障害❷が起こりやすいが，異なる作目を組み合わせて輪作を適切に行えば，土を健全な状態に保つことができる。また，3)の家畜部門と耕種部門の組み合わせは，地力を維持・向上させるのに役立つ。

5) **危険分散**：単一経営では，自然災害や価格の暴落にあったとき被害が大きくなるという危険をもつ。しかし，複合（多角）経営では，ほかの部門があるので，経営全体として決定的な被害を受けずにすむ。

❶生産物を直接販売するのではなく，経営内の別部門の原料として再（う回）利用し，付加価値をつけた製品とする生産方法。

❷毎年，同じ作物を同じ耕地に連続して作付けすることを**連作**といい，連作によって，収量が年々低下するような現象を**連作障害**という。

範囲の経済とシナジー（相乗）効果

複数の製品を生産・販売したほうが，それぞれの製品を単独に生産・販売したときの費用合計より割安になることがある。これを，**範囲の経済**が働くという。1)と2)では，土地・家族労働力・固定資本の効率的な利用によって，利用1単位あたりの固定費を減らすので，範囲の経済が働いているといえる。なお，この場合，一方の部門の生産は，他方の部門の生産に影響を及ぼさずに行われる。このような関係にあることを**共用（補合）関係**にあるという（図8(a)）。

また，3)と4)のように，各部門の生産が互いに貢献しあっている関係を**共助（補完）関係**とよぶ（図8(b)）。これを**シナジー（相乗）効果**ともいう。

つまり複合化・多角化には，範囲の経済，シナジー効果，危険分散というメリットがある。

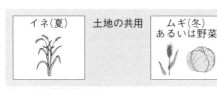
(a) 共用（補合）関係

(b) 共助（補完）関係

(c) 競合関係

図8　経営部門間の共用・共助・競合の関係

経営が単一化する要因　農業経営を単一化に導くおもな要因は，次のとおりである。

1) **経営部門の独自性を発揮しようとする場合**：一方の部門を増やそうとすると他方の部門を減らさなければならないというように，部門間に競争や敵対が起きる関係を**競合関係**とよぶ（図8(c)）。互いの部門が一定の規模までは，それぞれ共用・共助（補合・補完）関係にあっても，さらにそれぞれ増やそうとすると，競合関係が発生し，収益性の高い部門のほうが独自性を発揮しようとする。

　作期が同じ部門の場合には，土地や労働力の利用をめぐって初めから競合関係が発生する。大規模な家族経営に単一経営が多いのは，労働力が少ないためである。また，作目によっては，後作をきらう敵対関係のものがある。なお，圧倒的に収益性の高い作目は，最初から独自性を主張する。

2) **専門化の利益が得られる場合**：分業の利益は，それぞれの仕事を専門的に分担することによって，仕事の能率を高めたり，高度な技術を習得できることにある。たとえば，養鶏や養豚で単一経営が多いのは，飼料生産を外国に依存し，飼育過程だけを分担するようになったためである。

3) **単純化の利益が得られる場合**：単純化とは，仕事を規格化・単一化することである。単純化することによって，能率を高め，大量生産・大量販売など，規模拡大の有利性を追及できる。仕事の単純化は，機械化による大量生産を可能にする。田植機・ジャガイモ掘取機など，専用作業機の開発が進んできている。単一経営のほうが，複合経営よりも多くみられる（図9）。

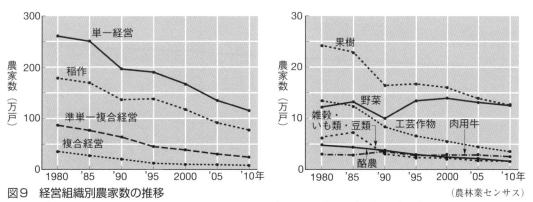

図9　経営組織別農家数の推移　　　　　　　　　　　　　　（農林業センサス）
注．1990年以降の値は，販売農家のみの戸数を示す。また1995年以降の野菜の戸数は施設野菜農家を含む。

地域の複合化

地域の複合化とは，個々の複合(多角)経営においてみられる**共助(補完)関係**のよさを，地域に適用し，農家間の共助(補完)関係をつくろうとするものである(図10)。これは，個々の農家としては経営を単一化しても，地域として複合化・多角化すれば，それぞれの農家が，単一化の利点と複合化・多角化の利点の両方を手に入れることができるという考えかたである。

個々の経営の複合化と地域の複合化とは，同じ「複合化」ということばを使うので，その性質も同じように考えやすい。しかし，次のような違いがあることに，注意しなければならない。

1) 個々の農業経営組織は，経営者の自由意思によって組み立てられる。地域の複合化の場合，地域を組織するリーダーや斡旋者がいても，経営者ではないので，そうした意思が働かない。

2) 個々の経営の複合化による作目の結びつきは，お金の交換をともなわない，経営の内部取引によってなりたっている。ところが，地域の複合化による農家間の結びつきのほうは，基本的に市場の取引原理によってなりたっている。

このため，個々の経営者の思いどおりの地域の複合化が実現するとは限らない。しかし，地域の中で個々の農家が協力しあうことは大切である。互いの助け合い(相互扶助)の精神がなければ，この協力はなりたたない。

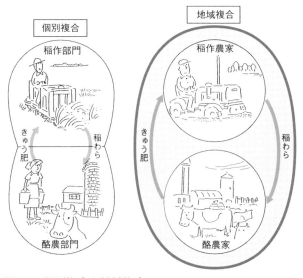

図10　個別複合と地域複合

4 農業経営の集団的取り組みと法人化

目標
・集団的取り組みが、どのような役割を果たしているのかを知る。
・農家の人たちが、なぜ、産地づくりをするのかを考える。
・なぜ、農業の法人化が進んでいるのかを理解する。

1 農業経営の集団的取り組み

集団的取り組みの意味と分類

農家が集団を組織し、その協力（共同）のもとに経営改善を行うことを、**集団的改善**または**組織的改善**という。そして、これを推し進めていくことを、**集団化**または**組織化**という。農業経営を個別に改善することが困難であったり、非効率である場合に、集団化がはかられることが多い。

農地や農業用水のような農業資源は、一定の地域空間の中で多くの農家に利用されることから、集団で管理したほうが効率的でよいという一面をもっている。集落営農ができる理由は、その点にある。

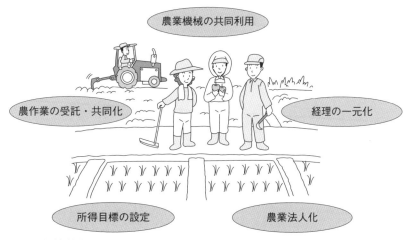

図1　集落営農

集落営農

農村における集落など，地縁的にまとまりのある一定地域内における農家が，農業生産を共同して行う営農活動を**集落営農**という。集落(ムラ)がもつ平等原則や相互扶助をもとに，地域の営農体制を築いていこうとするものである。共同購入した機械の共同利用，転作田の団地化(土地利用調整)，生産から販売までの共同化など，地域の実情に応じて，その形態や内容はさまざまであるが，担い手として期待され，法人化している集落営農もある(図2)。

農業生産組織化

農業生産の改善を目指して集団化したものを，**農業生産組織**という。かつては，家族経営の弱点を補い，強化する目的で，農業生産組織化がさかんに行われてきた。

この形態は，どういう生産面で共同がなされているかについて，①労働力の共同(**共同作業**)，②農業機械や施設の共同(**共同利用**)，③栽培技術管理の共同(**栽培・技術協定**)という視点を基本に分類することができる。集団栽培とよばれるタイプは，この三つを兼ね備えたものである。

■**共同作業** 共同作業は，家族労働力だけで処理できない作業について，有効である。農作業がおもに手作業で行われていた時代には，農繁期の作業は，共同でなされることが多かった❶。しかし，機械作業が進展しているこんにちでは，あまりみられなくなった。

❶田植機がなかった時代，田植えは"ゆい"(手間替え)とよばれる近隣農家間の共同(労働力相互交換)作業で行われることが多かった。

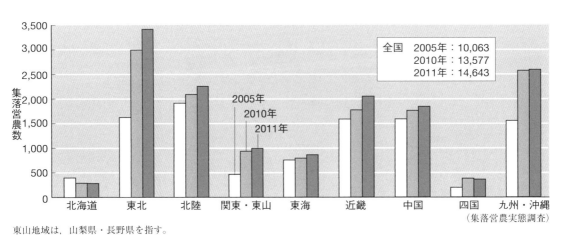

東山地域は，山梨県・長野県を指す。
図2 農業地域別の集落営農数の推移

■**共同利用** 共同利用の典型は，**機械利用組合**である。こんにちのように，機械や施設の大型化が進むと，機械の導入には，多額の資金が必要になり，維持・管理費や修理費など，利用のための負担も大きくなる。これを，複数の農家が共同で購入したり，借り入れしたりして利用すれば，個々の経済的負担が軽くなる。共同利用組織は，こうした効果をあげるためにつくられる。

共同利用組織は，集落営農でよくみられる。農家が交代でもち回りで利用したり，集落内の一部の担い手(オペレータ)たちの出役(共同作業)によって運営される。

■**栽培・技術協定** ある作目について，栽培時期や品種，薬剤防除の日程や方法の統一など，おもに肥培管理に関し協定することである。都道府県の普及指導センターで作成している各作目の栽培暦は，栽培技術指針であるが，この協定を結ぶさいの参考にされることがある(図3)。栽培・技術協定は，次の理由から大切である。

1) 各農家の農地がばらばらに広がっていても，この協定によって，一定のまとまり(団地)ごとに栽培を統一的に行えば，大型の機械や施設による，耕うん，薬剤防除，収穫・調製などの作業が能率よくできる。
2) 各農家間における技術のばらつきを少なくすることになる。
3) 青果物の場合，品種や作型の統一など，生産過程における協定によって，市場への販売対応ができ，産地の名声が高められる。

栽培・技術協定は，共同作業や共同利用と結びつくことによって，その機能がさらに発揮される。

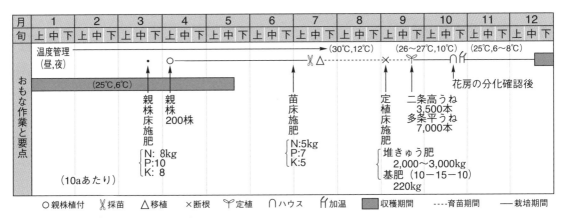

図3 栽培暦の例(イチゴの促成栽培)

受託・委託

たとえば、イネの収穫機械をもっていない農家が、自脱コンバインをもつ農家に稲刈り作業を一定の作業料金で請け負ってもらったとき、作業委託したといい、請け負ったほうは、作業受託したという。両者が契約することを、**受委託関係を結ぶ**という。

耕うんや代かきだけというように、一部のおもな機械作業だけのときは**部分作業受委託**といい、おもな機械作業すべての場合は**全作業受委託**という。また、水管理や施肥などの肥培管理作業を含め、すべてを請け負うことを**経営受託**[❶]という。

受委託は、一定の作業料金に基づいて行われる、サービスに関する一つの取引とみることができる。各作業料金は、農業委員会や農業協同組合によって定められた協定料金を基準に、実際の条件を加味して決められる。取引のかたちには、個人対個人、個人対集団の相対契約によるもののほか、両者のあいだに農業公社が介在し、斡旋するものもある(図4)。

受託・委託関係がなりたつためには、双方が借地料や作業料金などの条件に満足しなければならない。経営受託希望者にとっては、借地料を支払っても採算がとれるような収益を実現しなければならない。そのためには、借地による大規模経営ができるように、委託希望者が多数存在することがまず前提となる。

受委託サービス

ドイツには、農民の相互扶助精神に基づいた、農作業受委託を相互に行う、農民の自主的組織が根づいている。これは**マシーンネリング**とよばれ、近年では、農作業だけでなく、生け垣の手入れ・大工仕事・家事労働などについても行われ、農村生活における相互扶助の役割を果たしている。ふつう、マシーンネリングには、マネージャーが雇われており、会員農民全体の状況を把握したうえで、受委託の斡旋だけではなく、農業経営に対する助言を行っており、地域農業を推進する役割を果たしている。

このほか、コントラクターとよばれる機械作業を専門に請け負う会社もある。また、さまざまな受託を行うサービス事業体もある。これらは、農家が個別で行えない部分を補うサービス組織である。

---

❶経営受託は借地(小作)契約を結んで行われることが多い。

産地づくり

産地づくりとは，特定の農産物について，市場において有利な販売を行うことを目的に，ある地域の農家がまとまって，生産から販売過程にいたるまで，組織的な行動を強めていくことをいう。産地で生産される農産物は，次のような特徴をもっている。

1) 地域の多くの農家や面積に集中して栽培されている。
2) 基幹作目である。
3) 市場での信用（銘柄）を確立している。
4) 生産・販売活動に関し，生産農家がまとまって機能（機能的組織化）している。
5) 生産方法が工夫され，差別化商品を供給している。

果樹や野菜・花きなどの農家が，産地を形成していることが多いが（図5），ふつう，農協の部会組織のもとに，栽培・技術協定や品質・規格のチェックが行われている。すぐれた産地ほど，全員が消費者の要求に応じた対応や新技術のすばやい導入ができるしくみをつくっており，上記の4），5）の程度が高く，市場の信頼を得ている。

図5 野菜の生産団地

産地と地域ブランド

産地づくりは，大量生産・大量販売の時代にそった農家対応として取り組まれてきた。しかし，差別化・高付加価値化の時代になり，対応の転換を迫られるようになり，よりいっそうの差別化によって，産地の農産物を地域ブランドにしていくことが求められている。このため，異業種のノウハウや資源を活用できる農商工連携など，ほかの分野との連携・提携による新たな産地戦略がみられるようになっている。

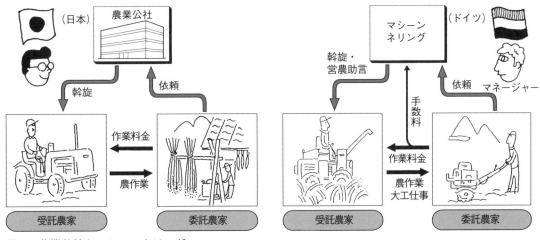

図4 農業公社とマシーンネリング

2 農業法人経営

農業経営の法人化

農業経営をとりまく社会的・経済的環境の変化が激しいなかで、経営者は、すぐれた経営感覚をもち、企業的な経営管理ができる能力を要求されている。個人企業が、法人経営になることを**法人化❶**といい、近年、法人経営が増えている(図6)。

1戸の家族経営が、家族を発起人にして法人化したものを**1戸1法人**というが、複数の農業者が集まって法人経営になる場合よりも、1戸1法人のほうが多い。農業を営む法人は、**農業法人**と総称される。

法人の分類

「農地法」では、農用地を取得❷して経営できる法人を、**農地所有適格法人**(旧農業生産法人❸)とよんでいる。したがって、農業法人は、農用地を必要とする農地所有適格法人と、養鶏や養豚のように、農用地がなくても経営できる一般の農業法人とに分類できる。

また、農業法人は、制度上の違いからみれば、協同組合のかたちをとり、共同の利益を増進する**農事組合法人**と、会社のかたちをとり、営利を目的とする**会社法人**とに分類できる。

❶一般に、法人とは目的をもって社会的活動をする団体について、個人と同じような権利・能力が与えられているものをいう。

❷農地を購入、または借り入れることを取得という。「農地法」の許可がなければ、農用地は取得できない。

❸2015年の農地法改正で、農地を所有できる法人の名称が「農業生産法人」から「農地所有適格法人」へと変更されたとともに、構成員要件が撤廃され、議決権要件および役員要件が緩和された。

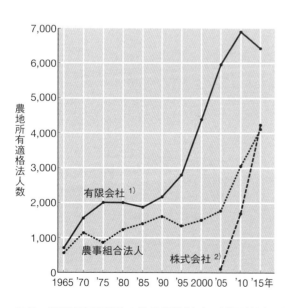
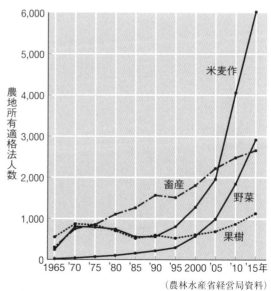

図6　農地所有適格法人数の推移(法人の種類別(左)と作目別(右))

(農林水産省経営局資料)

合名会社・合資会社・合同会社タイプのものは、合計でも200(2010年)に満たないため省略。
1), 2)　'10年の有限会社数は特例有限会社の数を示し、株式会社の数は特例有限会社を除いた株式会社数を示す。

農地所有適格法人の条件

農業法人のすべてが，農地所有適格法人になれるわけではない。農地所有適格法人になれるのは，農事組合法人(2号)と，会社法人である合同会社・合資会社・合名会社・株式会社の5種類の法人である。また，これらの法人であっても，「農地法」で定めている次の三つの要件を備えていなければならない(表1)。

1) **事業要件**：事業ができる範囲を定めたもので，農業のほか，農作業受託，農産物の加工・運搬・販売や，農業資材の製造など，農業に関連する事業に限られる。

2) **議決権要件**：構成員ごとの議決権に関するもので，農地提供者と常時従事者の議決権は，一定割合以上と定められている❶。

3) **役員要件**：経営責任者になれる者の数などの条件で，その過半数は常時従事者でなければならない。

近年は，2)と3)の要件が緩和され，農地所有適格法人は，農業関係者のみならず，幅広い人材を加えて組織できるようになったとともに，6次産業化など経営の多角化も図りやすくなってきた。

もともと，株式会社は農地所有適格法人になることができなかった。しかし，2000年の農地法改正によって，株式の譲渡制限を行っている場合には，農地所有適格法人になれるようになった。

農地所有適格法人の中で，最も多いのが有限会社，次が農事組合法人であった(図6(左))。しかし，2006年に有限会社制度が廃止❷される一方，資金面などでの規制が緩められ，株式会社の設立が容易になり，農事組合法人と同じぐらいまで株式会社が増えている。株式会社と農事組合法人のおもな違いは，表2のとおりである。

❶農地提供者や常時従事者などの農業関係者では議決権が1/2超，農業関係者以外では議決権が1/2未満と定められている。

❷従来の有限会社は，それに類似した規則が経過措置として適用され，「特例有限会社」という株式会社としての存続が認められた。

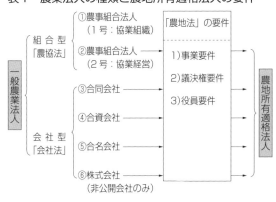

表1　農業法人の種類と農地所有適格法人の要件

表2　株式会社と農事組合法人の違い

	株式会社	農事組合法人
目的	営利行為	共同利益の増進
構成員	農業者でなくてもよく，1人以上	農業者など3人以上
資本金	1円以上	金額の制限なし
議決権	1株1票(株式数に比例)	1人1票
役員	1人以上で，社員以外も可1)	1人以上で，組合員のみ
従業員	制限なし	常時従業者のうち，組合員および組合員と同一世帯員以外の者は，常時従業者全体の$\frac{2}{3}$以下

1) 定款で社員に限定も可。

新たな農業法人

1993年の農地法改正によって，農協が農地所有適格法人に対して出資ができるようになってから，近年，農地所有適格法人である**農協出資農業法人**が増えている。この理由として，①農協が直接農地管理・農作業の担い手となる法人を立ち上げ，地域の担い手不足問題を解消する，②地域の大規模農家や集落営農を支援し，地域の維持・発展が期待できることがあげられる。

2005年には，一般企業の農業参入を積極的に進める政策転換（規制緩和）がなされた。これによって，異業種企業が農業に多く参入している。その具体的な動機はさまざまであるが，多くは垂直的多角化のメリットをねらってのことである。（→p.62）

■**農業法人経営の長所**　農業経営が法人化することの利点には，制度上のものと経営上のものとがある（表3）。

■**農業法人経営の短所**　法人経営の長所の大部分は，経営が順調に発展している場合に発揮される。しかし，経営が悪化した場合には，長所が発揮されないばかりか，短所にかわる恐れがある。たとえば，次のような短所をもつ。

1) 社会保険金を支払うなどの就業条件改善への支出は，経営の財務状態を圧迫しかねない。
2) 就業規則に基づいて作業計画をつくっても，農業経営は自然や生命が対象であるため，実際には，計画通りに進まないことが少なくない。
3) 農事組合法人の場合は，意思決定の遅れによって，経営活動が非効率になる危険をあわせもっている。
4) 法人化によって，制度上の利点❶が得られなくなる。

❶農業者年金制度を利用できない，農地の相続税猶予制度（20年間営農を続けると，相続税の支払いを軽減される措置）を適用されなくなるなど。

表3　農業法人経営の長所　農地所有適格法人の場合，とくに，①と②の恩恵が受けられる。

	利　点	内　容
制度上	①税制面での優遇 ②融資枠の拡大 ③就業条件の改善	節税効果が期待できる。 制度資金が多く借りられる。 年金・医療・労働保険など，社会保険へ加入できる。
経営上	④企業性の確立 ⑤資本・人材の集中と，分業による規模拡大効果 ⑥経営継承の容易性 ⑦就業条件の安定 ⑧社会的信用の高まり ⑨企業者意識の醸成	複式簿記で記帳していく企業会計が求められ，客観情報による経営管理ができるようになる。 複数の農業者が結合するので，多くの資本と人材が集まり，規模の拡大や幅広い事業の展開，および，そのための人材配置が可能となる。 人材を広く求めるので，経営継承者を確保しやすい。 休日，労働時間などの就業規則の整備や，給与制・退職金積立制の導入ができる。 対外信用が高まり，経営受託や資金借入れなどの交渉が，容易になる。 ④～⑧のことから，企業者としての自覚が高まる。

5 農業経営の運営

目標
・「経営は人なり」といわれる理由を考える。
・利益が最も大きくなるところは,どこかを知る。
・経営規模を拡大する利点を理解する。

1 経営者能力と管理運営

経営者能力の大切さ　「経営は人なり」といわれる。ある地域の農家間で,農業経営組織も農業経営規模も同じなのに,農業経営の成果に著しい差がみられたり,その後の展開がまったく異なったりすることがある。これは,農業経営の管理運営能力や事業展開能力の違いの結果であり,つまりは,経営者の能力の差によるところが大きい。農業経営においても,経営者能力は非常に大切である。

グローバル化・情報化が進み,外部環境の変化も著しい現代において,農業経営者には,「高い経営者能力」が要求される(図1)。

経営者能力は,その人に備わっている才能が,経営経験や研修を積んでいくなかで,はぐくまれ,発揮されるものである。そういう意味では「経営が経営者を育てる」ともいえる。

図1　経営者が求められる能力

経営者の職能

どのような企業であれ，経営者は，経営がいつまでも存続し，成長していくために，次のような職能を果たす必要がある(図2)。

1) 将来のビジョンや基本目標をたてる(**経営ビジョンの策定**)。
2) それを実現していくための戦略を練る(**経営戦略の策定**)。
3) それに基づいて，指揮・統制し(**管理的意思の決定**)，日々の経営活動を効率よく管理していく(**業務的意思の決定**)。

家族的農業経営であっても，家族経営協定を結び，役割分担を明確にしていることが多い。農業経営者にも，①経営ビジョン策定能力，②経営戦略策定能力，③経営管理能力が求められる。

経営ビジョン策定能力

経営ビジョンは，ある時点までにこうなっていたいという，経営がめざす将来の具体的な姿をあらわしたものである。

このビジョンは，経営を貫く基本姿勢，ゆるぎない農業観・農業に対する経営理念❶や使命感に基づいて策定されなければならない。能力として，成長意欲・野心・競争心とともに，未来を描く構想力・創造力が求められる。

❶利害関係者や社会に対する誓約でもある。

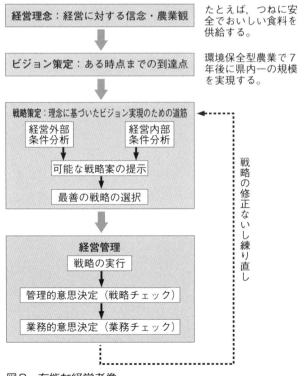

図2　有能な経営者像

経営戦略策定能力

経営戦略とは、経営ビジョンを実現するための道筋と手段のことである。これを策定するには、直感力・情報収集力・判断力、企画・計画力などが必要である。新しい情報をすばやく正しくつかみ、的確な先見性をもって、ものごとを見抜く力(洞察力)と判断力がなければ、すぐれた戦略(企画)を描くことはむずかしい。新しい情報を得るためには、農業経営者は、つねにマスメディアや専門雑誌など、外部の情報源に広く目を向ける、広域志向❶(革新者タイプ)が求められる(図3)。隣人や集落内など、狭い範囲の情報源にたよりがちな(地域志向)タイプは、保守的になりやすい。

戦略が描けたら、綿密に計画を立て、実行する決断力をともなわなければならない。経営者は、「直感をもった決断者」だとさえいわれる。

❶革新者は広域志向であるため、いちはやく情報を知り、その情報を実際に自分の経営に役立つようにするために試行を繰り返すことが多い。そのため、試行期間が長くなる。

経営管理能力

現代の農業経営には、生産管理・労務管理・財務管理・販売管理・情報管理など、さまざまな管理能力が要求される。

栽培・飼育や機械操作などの技術力をみがき、生産管理をきちんと行う必要がある(**生産管理能力**)。新しい技術の存在をいちはやく知り、自分のものとする力(図3)や、創意工夫によって技術を開発したり、改善したりする能力も求められる。

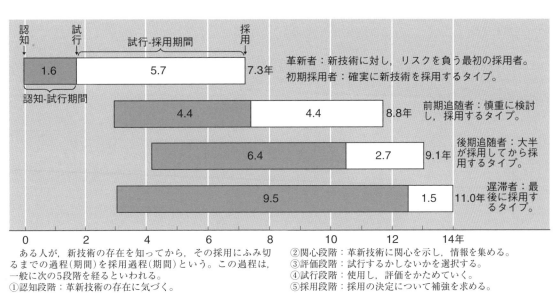

図3 新技術[1]の採用に対する革新者〜遅滞者の判断力

ある人が、新技術の存在を知ってから、その採用にふみ切るまでの過程(期間)を採用過程(期間)という。この過程は、一般に次の5段階を経るといわれる。
①認知段階：革新技術の存在に気づく。
②関心段階：革新技術に関心を示し、情報を集める。
③評価段階：試行するかしないかを選択する。
④試行段階：使用し、評価をかためていく。
⑤採用段階：採用の決定について補強を求める。

(E.M.ロジャーズ「技術革新の普及過程」1962年)

1) この場合は、トウモロコシの一代雑種が開発されたときの例である。

とくに労働力を雇用した農業経営では，仕事の目的・内容・手順・注意点などを的確に作業者へ伝える，指導・監督能力や統率力（**労務管理能力**）も必要である。また，経営の状況や財務状態を正確につかむことができる，分析能力や計数・コスト感覚（**財務管理能力** や **経営診断❶能力**）をもっていないと，資金管理がずさんな，放漫（ほう まん）経営となってしまう恐れがある。

❶5章参照。

情報管理能力と信用・交渉能力

インターネット，宅配，直売所，量販店への直接販売など，農産物の販売先（チャネル）は多くなっている。資材の調達先（チャネル）も増えてきた。それぞれのチャネル情報全体を収集し（**情報管理能力**），自分の経営にとって有利なチャネルを選択することは大切である。そのさい，信頼を得て，取引相手と良好な利害関係❷（**信用能力**）を築くことができなければならない。また，顧客へのアピールといった発信力や，どんな相手であっても原価割れをするような価格契約をしない（**販売管理能力**）といった，交渉能力が必要である。

もちろん，商品への信頼あるいは経営者への信頼がなければ，こうした交渉能力は発揮できない。地域で借地関係を結ぶにも，資金を借りるときなどにも，経営者に対する信用は大切である。

以上のように，すぐれた農業経営者は，生産技術能力だけではなく，確固とした理念をもち，先を見通し，それを実現していく企画力がすぐれており，実際に実行していくための管理能力を有していることが必要である。

❷取引相手など経営活動に関係している存在を利害関係者という（図4）。両者にとって良好の状況をウィン・ウィンの関係にあるという。

図4 利害関係者

補足　すぐれた農業士たちの信条　「栃木県農業士制度の概要」より

①生産に喜びと誇りをもてる，魅力のある農業経営者をうち立てる。
②つねに創意工夫をこらし，世の中の変化に応じた技術や経営感覚で，自主的に改善を進める。
③未来に目を向け，つねに理想をもち，農業に対する情熱・使命感・信念をもつ。
④農業情報を積極的に活用して，正確な記録による経営分析を行い，経営計画をつくる。
⑤仲間との交流・連帯・研さんや学習により，科学的分析ができる能力や洞察力の向上に努力する。
⑥家族の協力が得られ，同時に全員が健康で楽しい生活ができるようにつとめる。
⑦人々に信頼され，地域全体が豊かで，幸せになるようつとめる。

2 農業経営の集約化

集約度の意味

経営する耕地の単位面積あたりに，どのくらいの労働費・物財費（資本財費）が投下されているかを示す指標を **集約度** といい，一般に，次の式であらわす。

❶分子は，地代を除いた経営費に相当する。

$$集約度 = \frac{（労働費 + 物財費 + 経営資本利子）❶}{経営耕地面積} \quad \cdots\cdots(1)$$

この集約度の比率が高い場合を集約的といい，低い場合を粗放的とよぶ（図5）。集約度を高めることが **集約化**，低めることが **粗放化** である。労働投下量を多くすることを **労働集約化** といい，物財費の投入額を多くすることを **資本集約化** という。

また，(1)式の分子を労働費のみにすると，労働集約度をあらわし，物財費だけにすると資本集約度を示す。両者がともに高まっていくものや，どちらか一方が高まっていくものなど，農業経営組織ごとに，さまざまなタイプの経営展開がみられる。
（→p.58）

集約度でみる作目ごとの特徴は，10aあたり労働時間や固定資本額から判断できる。一般に，稲作など，普通作目は粗放的であり，施設野菜作など，施設型経営は非常に集約的である。また，労働集約的作目は，規模の拡大が困難なものが多い。

図5 集約的経営（キュウリのハウス栽培：左）と粗放的経営（ダイコンの露地栽培：右）

経営改善と集約化

収量が最大となる集約度のところを，**集約度限界**という。収量の最大化をめざして，経営する耕地に労働や物財をたくさん投入し，経営を集約化しすぎると，収穫（収益）漸減の現象から，利益が最も多くなる**適正集約度（適正操業度）**をこえてしまうことになりかねない。
(→p.56)

一定の条件を設定して行われる，農業試験場における圃場実験の結果などからは，収穫漸減の現象が確認でき，実際に，収量曲線を得ることもできる。しかし，現実の農業経営においては，収量に及ぼす影響の要因は複雑で，大きく変化するため，適正集約度や集約度限界を正確に知ることはむずかしい。しかし，集約度限界よりも低い集約度のところに適正集約度が存在することを，念頭においておくことは大切である。集約度限界は，品種や作物によっても異なる（図6）。作目ごとのおよその集約度限界は，10aあたりの生産費や経営費から推測できる（図7）。

一定の規模のままでは，集約度限界の課題は基本的に克服できない。さらに，より多くの利益をあげようとするならば，規模の拡大を検討しなければならない。固定設備の拡大など，経営を大幅に変更することのよしあしは，経営の長い期間にかかわる問題なので，「長期でみる」という。これに対し，一定の規模でのみ経営改善を考えることを，「短期でみる」という。収穫漸減は，短期でみた場合の現象といえる。

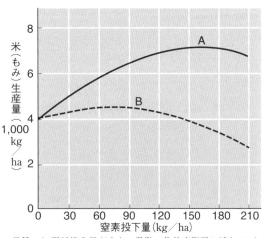

品種Bは，肥料投入量が少ない段階で集約度限界に達し，Aは，Bよりも多い段階で集約度限界に達する。すなわち，AはBよりも集約度限界が高い。

図6　イネの品種A，Bの窒素肥料反応度の比較

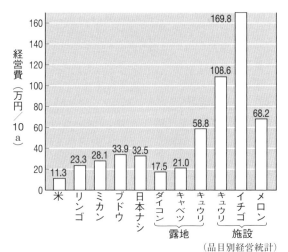

（品目別経営統計）

図7　いろいろな作目の経営費（2007年）

3 経営の規模拡大

経営規模

経営の大きさを **経営規模** という。農業経営は，土地を利用して行われることが多いので，一般に，その規模は経営耕地面積であらわされる。また，畜産経営では頭・羽数(図8)，施設園芸経営では温室面積(図9)が，規模の指標として用いられる。

これらの指標は，同じ部門でなりたつ経営間の規模の違いを比較するには有効であるが，違う部門をもつ経営間の規模の違いを比較するには役立たない。こうした場合には，①投下資本額，②従業員数，③年間の農業粗収益額(または，純生産)など，どのような経営にも共通する指標を用いると，規模を比較できる。

日本における農業経営組織別の経営規模のようすは，次のとおりである。

1) 稲作など土地利用型農業では，一部の農業者が，著しく経営耕地面積を拡大している。
2) 畜産経営では，全体に頭・羽数を大幅に増加させている(図8)。メガ・ファームとよばれる数千頭を搾乳する経営もみられる。
3) 施設園芸の売上高が大きい経営が多いが，やや停滞気味である。
4) 雇用型の農業経営が著しく増えており，従業員数の数も増えてきている。

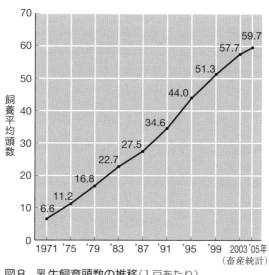

図8　乳牛飼育頭数の推移(1戸あたり)

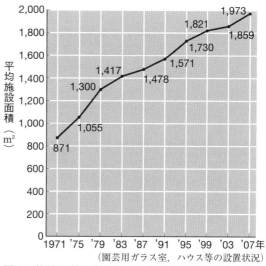

図9　施設園芸経営の施設面積の推移(1戸あたり)

規模拡大の有利性

経営規模が大きくなるのは**規模の経済が働く**からである。規模拡大にともなって，経営の利益が大きくなっていくことを，**規模の経済**あるいは**経営規模拡大の有利性が働く**という（図10）。

規模拡大の有利性が働くのは，次のような理由からである。

1) **固定費が少なくてすむ（資本効率が高まる）**：経営規模が大きくなるにしたがって，農機具や施設などの固定資本が経済的に利用できるようになり，単位あたりの固定費が少なくてすむ。

2) **労働費が少なくてすむ（労働生産性が高まる）**：経営規模が大きくなるにしたがって，一般に，労働の能率が高まり，単位あたりの労働費が少なくてすむ。

3) **分業（専門化）の利益が得られる**：単一経営の利益と同じように，経営規模の大きい経営では，専門の技術や知識をいかすことができる。

4) **流通面（大型取引）の有利性が得られる**：流通面でも同様の理由が働き，大量購入・大量販売の利益を受けることができる。

5) **信用力が大きくなる**：一般に，経営規模が大きくなるほど，信用力が高まり，取引上の信頼が得られる。また，農業補助金や融資を受けやすくなるなど，資金調達のうえでも有利なことが多い。

適正規模

どのような場合でも，つねに経営規模拡大の有利性が働くとは限らない。一般に，経営規模の拡大は，生産方法の量的な拡大だけでなく，質的な変化をともなう。このため，変化に応じられる高い技術力や経営改善能力が必要とされることが多い。経営内部の能力にみあった適正規模が存在し，それをこえて拡大すると，かえって利益が減少する。

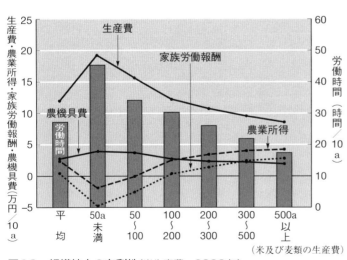

図10　規模拡大の有利性（米生産費，2009年）

経営規模拡大の方法

施設園芸や飼育頭・羽数を増やす畜産の規模拡大の方法は，工業と同じようであるが，土地利用型農業経営の場合には異なる特徴をもつ。

■**経営耕地面積の拡大** 稲作経営など，経営耕地面積を多く必要とするタイプの土地利用型農業経営において，**農用地の流動化**❶が進めば(図11)，規模拡大の機会が増える。

1) **農用地の購入による拡大**：土地の価格を **地価** という。農用地価格は，農業を振興させようとしている地域❷では，比較的，安価である。しかし，都市化が進んでいる市街化区域や市街化調整区域では，農業的利用には引き合わないほど高い。それは，農用地価格が，ふつうの農村地域では農業の収益性にみあう水準(収益地価)で決まることが多いのに対し，都市化地域では，収益性以外の要因で決まるためである(図12)。この理由により，都市化地域での農用地購入による経営規模拡大はほとんどみられない。

また，農村地域にあっても，農用地の売買は，「先祖代々の財産である」という意識が強い売り手側の要因や，農業の将来の収益性が見込めないといった買い手側の理由から，実際にはそれほど頻繁ではない。中山間地域では，耕作放棄地問題が深刻である。

❶ある農家の農用地が，売買または貸借によって他の農家に耕作され，その利用権者がかわることをいう。
❷農業振興地域，略して農振地域ともいう。

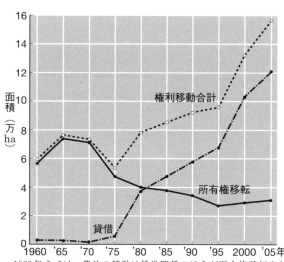

1980年までは，農地の移動は賃借関係のほうが所有権移転より少なかったが，以降は逆転している。
図11 農地流動化の動向

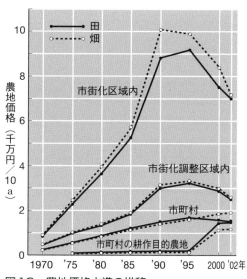

図12 農地価格水準の推移
1) 都市計画法の適用を受けていない農村地帯の市町村。
2) 市町村の耕作目的農地以外は，いずれも転用目的の農地の価格。

2) **借地による規模拡大**：土地利用型農業経営の規模拡大の多くは，借地によるものである（図13）。これが進んでいるのは，購入のための多額の資金がなくても，年々，借地料（小作料）を支払うだけで，経営耕地面積が拡大できるためである。

　農用地の権利移動は，「農地法」の制約を受ける。この法律が制定された当初は，耕作する者の権利が強く保護され，貸す者には利益が少ない内容であったため，賃貸借関係が成立しにくかった。

　しかし，1970年代なかば以降からの「農地法」のたび重なる改正によって，農用地の流動化が奨励(しょうれい)されるようになった。こうした農地政策の推進もあって，借地の割合を高めながら，年々規模拡大をとげている大規模農業経営が増えてきている。

3) **作業受託による規模拡大**：利用権の移動をともなわないが，作業受託も実質的に規模拡大の働きをしているといってよい。作業受託は，耕起・代かき，田植え，収穫などの機械作業や育苗作業で行われ，その拡大は，農用機械・施設などの，固定資本装備の充実・拡充に寄与しているからである。

■**雇用労働による規模の拡大**　家族労働力だけによる農業経営では，規模拡大に限りが生じてくる。しかし，労働力を雇用することによって，ゆとりのある大規模農業経営を実現できる。規模の大きい経営では，労働者を雇用する割合が高い（図14）。

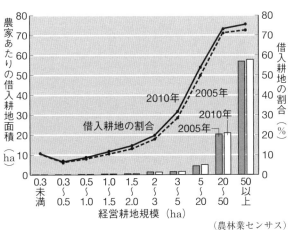

図13　販売農家1戸あたりの借入耕地面積とその割合
注. データは都府県のものである。

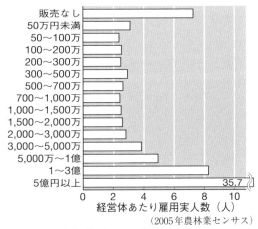

図14　販売規模別の雇用状況

第 3 章

農業経営と情報

1. 農業経営をとりまく環境
2. 農業経営と情報の収集・活用
3. 農業のマーケティング
4. 農業経営の社会環境

食肉市場で、せりの前に
下見されるウシの枝肉

出荷に向けたスイカの
品質検査

1 農業経営をとりまく環境

目標
・農業経営をとりまく環境には、どのようなものがあるかを知る。
・環境と経営を結ぶものを理解する。

1 さまざまな環境

　農業経営者は、自分自身の判断に基づいて経営を行っている。しかし、だからといって自分勝手に行っているわけではない。私たちは、つねにさまざまな環境の中にいて、それらの影響を受けざるを得ないが、農業経営も、環境の影響を非常に強く受けている。「経営する」ということは、この環境に対し、適応したり、あるいは、挑戦したりすることといってもよい。

　経営活動に影響を与える環境には、大きく自然環境と社会環境の二つがある(図1)。

自然環境　農業は、生命の成長をなかだちとする営みであることから、自然環境に大きく左右されてきた。自然環境の重要性は、工業経営や商店経営よりもはるかに高く、農業経営を特徴づけるものといってもよい。そのため、農業における多くの技術開発も、自然環境への対応や、その克服をめざして行われてきた。

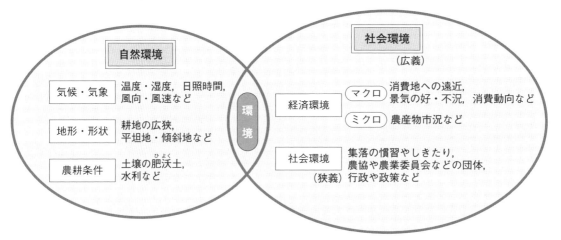

図1　農業経営をとりまくさまざまな環境

自然環境には，①気温や湿度，日照時間といった気象や気候に関するもの，②耕地が広い・狭いということや，平坦か傾斜地かといった，地形や形状にかかわるもの，さらには，③土壌の肥沃度や水利条件のよしあしといった，農耕条件にかかわるものなどがある。こうした自然条件の中には，その後の技術開発で克服できるようになったものもある。たとえば，かんがい施設による水利条件の改良や，**基盤整備**とよばれる土木事業によって，平坦で，農作業がしやすい耕地をつくったり，土壌改良などによって肥沃な農地をつくったり，といったことがある。また，耐病性や耐冷性作物の開発や，気象の変化を緩和するための施設の発達などもある(図2)。

社会環境

農業経営に影響を与えるもう一つの大きな環境は，社会環境である。社会環境には，狭い意味と広い意味とが考えられる。狭い意味での社会環境としては，私たちが日常的に暮らす社会の慣習や制度などをあげることができる。広い意味での社会環境には，これに加えて，景気のよしあしや，消費地に近いかどうかといった，**経済環境**がある。

経済環境は，景気や消費動向，経済立地といったマクロ経済環境と，経営者が，日常的に必要とする農産物市況など，ミクロ経済環境に大別できる。経済環境は，農業経営を考えるさいの戦略や管理運営を考えるとき，それらに直接影響を与えるものとなる。

狭い意味での社会環境には，①集落などでの慣習やしきたり，②地域の人々がつくった，農協などの団体との関係，③行政機関などを通じて示される政策が含まれる。①から③になるに従って，規則として文章化され，明確になるが，反対に，①などは集落の人々だけに共有された規則で，他の人々にはわかりにくいこともある❶。

❶実際の社会環境については，何が経済的で，何が制度や習慣かを明確に分離するのは，困難なことが多い。

図2　しゃ光設備を備えた温室(左：外部しゃ光　右：内部しゃ光)

2 環境に適応した農業

　農業経営者は，つねに環境を考慮しながら農業を行ってきた。環境をどのように感じとるかは，個々の経営者によって異なるが，感じとることができるのは，環境から何らかのメッセージが出ているからである。それは「情報」とよばれ，経営者が環境を判断する根拠となっている。これまで，農業経営にとって環境は欠かせないものであったが，これからも，農業経営者は情報に基づいて，農業経営を合理的，かつ，効率的に行っていくことが重要である。

適地・適作の農業

　適地・適作といわれるように，農業には，その土地その土地にあったやりかたがある。これは，農業経営者が，それぞれの土地によって異なる気象や耕地条件・土壌条件といった自然環境を情報として得ながら，長いあいだをかけて，自然に沿った農業をつくってきた結果である。

　たとえば，傾斜地の多い中山間地には，棚田が広がり，また土地面積が小さいことから，集約的農業のノウハウが育ってきた。これに対し，耕地の広い北海道では，大規模な農業が発達し，畑作や酪農などの農業が定着してきた（図3）。また，平場の水田地帯で，集落を中心とした水田農業が行われるのも，水利用のためには，集落の機能❶が大切にされてきたためである。

❶「ムラ」の相互扶助として，水利共同体，ゆい，番水制度，慣行水利権などがある。

冷涼な高原で栽培されるレタス

広大な牧場で飼育される肉牛

暖地の特性を生かしたスイカの促成立ち栽培

都市近郊での施設園芸（鉢花）

図3　適地・適作

消費者ニーズに沿った農業

近年,「消費者ニーズに沿った農業」が大切だといわれるようになった。これは,市場で何が要望されているかを大切にしようとする考えである(表1)。農業経営の成長にとって大切なのは,顧客を確保することであり,農業に大きく影響を与えるのは,経済環境であるとする考えに基づいている。

環境マネジメント

経営者は,環境にあった農業を考えたり,逆に環境そのものに働きかけたりしている。環境とのかかわりで行われる経営者の行動を,**環境マネジメント**とよんでいる。

経営にとっては,自然環境や社会・経済環境に適応しているかどうかが大切だが❶,同時に,環境にあわせて経営をよりよい方向に修正していく経営の舵とりが必要になる。

経営者が直面する環境は,目の前に存在するものだけではない。将来,「このようにかわるであろう」という予測した環境もある。来週の気象や,半年後の農産物価格の動向,2〜3年後の消費者動向などといったものであり,この動向によっては,経営の成果が大きく左右されることになる。ある意味で,現在,目の前にある環境以上に経営の成果に大きく影響を与えることがある。ただ,この場合は,事実としての環境ではなく,あくまでも経営者が予測した環境であって,不確実な部分がある。不確実であっても,結果に与える影響が大きいため,これらの予測が非常に重要になる。

❶適応していない場合には,経営の発展どころかその存続も危うくなってしまう。その場合には軌道修正が必要である。

表1 消費者ニーズの変遷と農産物

年代	消費者ニーズ	農業の対応
1950年代	食料不足	デンプン質の多いイモや米の生産
'60年代	栄養価の高い食品	脂肪やタンパク質を供給する畜産・酪農の振興 栄養バランスから,野菜や果樹の振興
'70年代	嗜好性の要求 おいしさの追及	糖度の高い果樹, タンパク質含量の低い米
'80年代	低価格で,ファッション性のある農産物	草花園芸の振興
'90年代	安心と健康の要求	有機栽培の振興
2000年代	ライフスタイルにあわせた多様性の追求	トレーサビリティ・システムやGAPの導入 消費者ニーズにより接近した農業

2 農業経営と情報の収集・活用

目標
・農業経営に必要な情報には,どのようなものがあるかを知る。
・情報が,経営活動に及ぼす影響を理解する。
・さまざまな情報の性格を理解する。
・情報の集めかたを知り,その活用ができる。

1 経営情報の概要

環境と経営をつなぐ情報 　経営は,さまざまな面で社会や環境とつながりをもっている。経営と環境をつなぐのは情報であり,どの経営も情報をもとにして環境に適応したり,環境を切り開いたりしている。

一方,こうした情報をどのように収集し,選択するかは,経営内部の情報の蓄積や,経営者の力量によって異なってくる。ほかの条件が同じでも,異なった経営結果がうまれるのはそのためである。

したがって,情報を収集して,それを経営者の考えかたに従って整理し,運営することが経営活動であるといってもよい(図1)。

そのさい,経営者の判断(意思決定)に役立つものを **経営情報** という。経営を運営するうえで必要とされる情報は,すべて経営情報である。

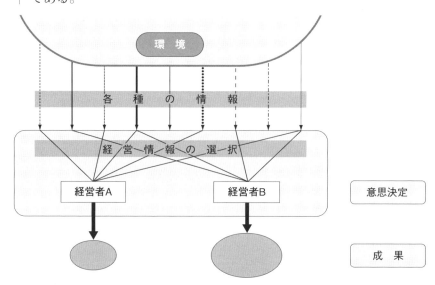

図1　環境から得られる経営情報と経営者の意思決定との関係

経営情報の分類

経営情報は，何に着目するかによって異なってくる。着目のしかたには，おおよそ次の四つがある❶（表1）。

1) **経営の内外による情報の分類**：環境から伝えられる周辺情報である**外部情報**，簿記や会計分析，農作業日誌といった，データ化できる自己管理情報としての**内部情報**。

2) **経営の管理局面の違いによる情報の分類**：農産物の生産にかかわる生産管理に関する情報，市況などの流通・販売管理に関する情報（図2），原価計算や財務管理に関する情報，さらには，経営計画や意思決定にかかわる情報。

3) **経営要素による分類**：経営は，**ヒト・モノ・カネ**の結合によってなりたつことから，ヒト情報・モノ情報・カネ情報というように，それぞれの要素にかかわる情報❷。

4) **経営のプロセスによる分類**：生産過程での経営要素にかかわる情報と，できあがった農産物（商品）にかかわる情報。

❶経営情報には，広い意味では生産管理情報もはいるが，これらは，技術にかかわる情報であるとして除かれる場合もある。

❷雇用などの労働力情報，作物や生産資材の情報，資金にかかわる情報といったものがある。

表1　経営情報の分類

分類基準	情報
経営内外の情報	外部情報：自然環境情報・社会環境情報・経済環境情報，環境を制御する情報など 内部情報：能力情報，蓄積されたデータなど
経営の管理局面ごとの情報	生産管理情報・輸送情報・販売情報・財務情報など
経営要素に関する情報	ヒト：労働力やパートナーなど モノ：資材や新品種など カネ：資金
経営要素と商品の情報	農産物市況などの情報，経営要素にかかわる情報

図2　せり情報の呈示

2 情報からみた経営活動

外部情報と内部情報

経営活動とは，あとで学ぶように，経営をとりまく環境を外部情報としてみずから読みこなし，経営に取り入れる活動（これを外部情報の内部化という）である。経営は，このような活動によって，経営を成長発展させる新たな価値を創造（**知識創造活動**）することになる。

外部情報（環境から伝えられる周辺情報）をより具体的に分類しなおすと，①気象情報や災害情報などの天候情報，②新技術情報や作況統計情報・種苗情報・病害虫発生予察情報などの生産技術情報，③資材情報や農地情報などの経営要素の情報，④金融などの資金情報，⑤消費者ニーズや市況などの販売情報，⑥政策や施策などの制度情報などがある（図3）。

また，内部情報（自己管理情報）には，①作物や家畜の管理情報，②雇用者や家族の労働記録，③日々の作業記録，④資金管理や財務などの簿記会計情報，⑤農産物の販売情報，⑥家計費の記録，といったものがある。内部情報にはデータ化されてみずからの経営の客観化に役立つ情報が多いが，なかには，農業のやりかたや技能（ノウハウ）・「こつ」といったデータ化しにくいものもある。

図3 農業情報の種類

情報からみた経営情報

経営活動は、モノの動きからみれば、種子や肥料などの経営要素を投入し、それらを組み合わせることによって新しい農産物を生産し、販売する活動であり、**プラン・ドゥ・チェック・アクション**[1]の循環活動である（図4）。

これは、情報の面からみれば、外部環境から得た情報を内部情報と照らしあわせて利用し、さらに、それを経営内部に蓄積しながらさまざまな情報を発信するという、いわば、情報の循環活動である。

外部情報の内部化（知識創造）

外部情報の内部化を、ヒト・モノ・カネについてみてみると次のようになる。

たとえば、ヒトを雇用するという場合、これを外部情報としてみれば、働いてくれる人がいるという雇用情報にすぎないが、うまく働いてもらうには、日頃から農作業日誌などをつけるなどしてデータをとり、経営内部での作業のしかたを客観化しておく必要がある。その上で、新たに雇用する人の作業のしかたや配置、技術の習熟度などを考慮して、経営の中にいかす必要がある。このように、内部情報と照らしあわせることによって、外部情報の利用が可能になる。

また、モノ情報についても、作目や肥料・農薬、さらには農業機械の情報は経営の外部にある。これら一連の情報をとり入れて、経営内部で現実に大型機械の体系をつくりあげる場合には、経営者があらかじめもっている考えやノウハウにそった形で取り入れることになる。そのためにも、経営の規模や経営者の力量といった内部情報がどのようになっているかの把握が大切になる。

[1] Plan Do Check Action（PDCAサイクル）計画→実行→評価→改善。

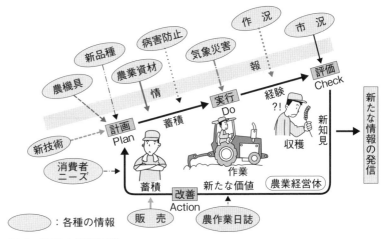

図4　情報の循環活動

カネにかかわることも，外部情報としてみれば，たんなるお金や，お金を貸してくれる銀行などの情報にすぎない。それを農地購入にあてるのか，ハウスをつくるのかといったように，何に投資し，どの程度の利潤をあげようとするのかは，経営者の判断にかかわることである。判断するためには，投資と収益との関係がわかっていなければならない。

　気象の変化も外部情報であるが，それに対応した病虫害への対応や栽培のしかた，さらには地域にあった育種法といったものは，経営者の中で培われた技能やこつによるところが大きい。

　このように，経営活動は，外部情報をいかにして内部化し，ノウハウとして蓄積し，そのことによって経営を成長させていくという活動である。

　また，ノウハウや知識，判断力といったものは経営者の力量を示すものだが，経営活動は結局ノウハウの蓄積をともなうものであり，経営者の力量を高めていく活動でもある。このため，経営者の力量を高め，新たな価値をうみ，経営の成長をはかるこの活動を「知識を創造すること」という人もいる。経営によって経営要素の組み立てかたや運営やさらには成果が異なるのは，情報の選択のしかたが経営者の力量によって異なるからである。

　知識創造の過程は，経営活動の生産の場，流通の場，経営計画の場，意思決定の場など，それぞれの場で，経営者の自己責任において行われる性格のものである（図5）。

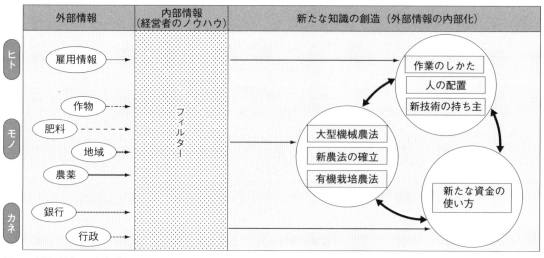

図5　外部情報の内部化

知識創造が弱かった，これまでの農業

日本の農業は，従来から外部情報をとり入れて内部化する力量が弱かった。そのため，農協や普及指導センター，行政など，外部の人々の判断をそのまま受け入れるという行動をとることが多かった。みずから知識創造するのではなく，創造された知識を，外部の人を通じて情報としてとり入れてきたのである。このことは，本来の経営者の役割を放棄してきたことでもあり，日本では，「農業に経営なし」とさえいわれていた。

これは，農業経営が零細で，資金力や研究開発力に欠けていたためであった。そのため，国はさまざまな援助をすることによって，多くの農家が平等に技術力を向上させ，スムーズに生産力が向上できるように配慮してきた。しかし，近年，農業経営者の個性が大切にされ，農業にも，個々の経営者によってそれぞれのやりかたがあってもよい，という考えかたが定着してきた。こんにちでは，外部情報を内部化する本来の経営のありかたが重要だとして，模索されるようになった（図6）。

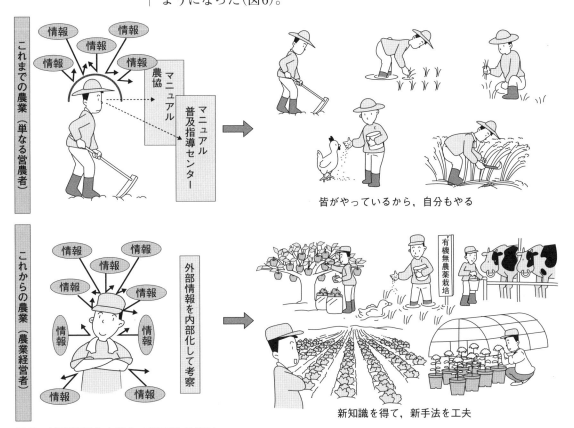

図6　外部情報を内部化する手法の違い

3 各種情報の性格

　経営にとって，みずからの力量や内部情報を前提とすれば，情報とは，外からはいってくるものだけとなり，外部情報（周辺情報）のみを情報ということが多い（図7，8）。その分類は，次のようである。

生産技術情報　　よい農産物を安定してつくることは，農業経営の基盤となるものである。農業は，作物や動物を育てて生産するという特徴をもつだけに，栽培や生育のしかた，肥料のやりかたや病気の見分けかた，土壌のつくりかたなど，技術の役割がとくに重要となる。これらは，まとめて生産技術情報といわれているが，栽培技術・営農技術などともいわれている。(→p.92) 技術として確立し，定着したものもあるが，「こつ」にたよる部分も多く，人から人へ，直接伝えられるものもある。

気象情報　　気象にかかわる情報は，栽培技術を的確にいかすためにも，重要である。冷夏となるか猛暑となるかといった，長期予測に関することから，明日の天気や気温，風の強さといった，日々必要とされる情報まで，多様である。近年は，小さい範囲❶での予測が可能となってきており，精度も高くなっている（図7（左））。また，自治体や農協が，独自の観測ポイントをつくって，農家へ提供しているところもある。

❶微気象という。

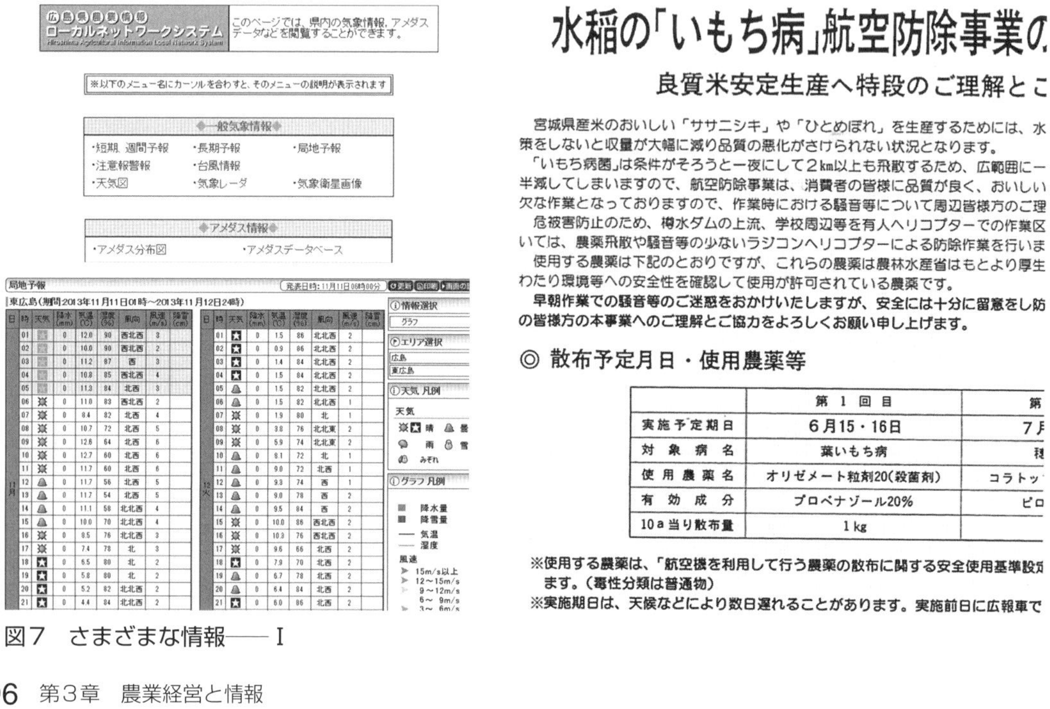

図7　さまざまな情報——Ⅰ

適期作業情報

農業協同組合や普及指導センターには，日常的に農業を観察していることから，生育状況や気象情報をもとに，独自の適期作業情報を提供しているところがある。とくに，防除時期については，地域でいっせいに行うことによって効果があがることから，農業共済組合が中心（→p.128）となって，適期作業情報を提供している（図7（右））。

生産資材情報

新技術情報には，資材に関する情報もある。生産資材❶には，農業機械（農機具）・飼料・肥料・農薬・燃料・種苗などがあるが，新しい肥料や種苗を購入するさいには，その利用法が示されていることが多い（図8）。

これらの情報が，農業経営にどの程度重要視されているのかは，それぞれの経営によって違いがある。たとえば，畜産経営などでは，飼料に関する情報の割合が高くなり，大規模畑作経営などでは，機械の情報が重要となる。

ただし，農業資材の情報源は，流通ルートによってかわってくる。肥料の多くは，農協系統と業者系統を通して農家に販売される。その割合は，元売段階で7：3，小売段階で9：1というように，農協系統の取り扱い比率が高いことから，農協からの情報が大半を占めている。なお，最近は，有機質肥料が大切ということで，畜産農家が生産したものを，野菜農家が購入している例が増えている。

❶物材 ともいう。

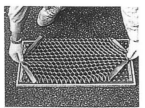
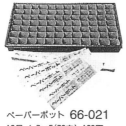
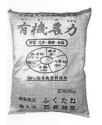

図8　さまざまな情報——Ⅱ

2　農業経営と情報の収集・活用

農業機械情報

1960年代後半になると，それまで中小の業者が中心であった農業機械の市場に，大手の会社が参入するようになってきた。とくに，こんにちの代表的な農業機械である自脱コンバイン・バインダ・田植機・トラクタなどは，一部の大企業に生産が集中している。

販売は，メーカーがそれぞれ独自の販売商系列と，サービス網をもって行っている。また，アフターサービスなども同系列で整えられていることが多い。このため，メーカーは正確で多くの情報をもっており，有力な機械情報源となっている。また，日本の農業機械は，使用年数が短く，新型機械への更新を頻繁に行うことから，ますます，メーカーが情報源となりがちである（図9）。

先進国の農家の中には，みずから，ある程度の修理ができるような技術や道具をそろえているケースがある。そのような場合には，機械情報が内部に蓄積しやすくなる。

販売情報

つくった農産物の多くは，何らかのかたちで販売しなければならない。いかに販売するかは，農産物を欲している消費者のニーズを的確に把握することによって決まってくる。

図9　農業用パンフレットにみられる情報

消費者ニーズにかかわる情報は，通常は価格に反映され，価格(市況)情報は，市場を媒介として手にはいる(図10)。価格は，農産物の販売，市場情報を伝える重要な指標である。

価格が高ければ，生産よりも強い需要があり，逆に，価格が安くなるということは需要が弱いということである。ただし，価格は，消費者ニーズや競争者，商品のできばえなどの総合であって，どの要素が価格に反映しているのかは，直接にはわからない。そこで，独自の市場調査や業界動向などの情報が必要となる。

制度情報

たとえば，稲作には，生産調整があり，自分が所有する水田の何割に米が栽培できるかが決められている(図11)。このように，農業には，農政や地域のとり決めによって，経営の展開に制限を加えていることがある。他方で，経営展開を補償するために，経営に有利になるさまざまな支援制度も設けられている。

こうした経営展開に影響を及ぼす社会的とり決めを，一般に**農業政策情報**または**制度にかかわる情報**とよんでいる。具体的には，農地の貸し借りに関する情報，生産調整奨励金や中山間地での直接所得補償や戸別所得補償などの補助金にかかわる情報，さらには，制度資金などの融資に関する情報といったものがある。

青果物市場別市況情報　　25年10月18日（金）
農林水産省統計部
築地

	数量	高値	中値	安値	Kg		規格	
だいこん	14.8	□	□	△				
北海道	8.5	-	630	-	10	ｼｭｳ	L	青首
青　森	1.1	1470	840	788	10	A	L	青首
かぶ	5.4	△	□	□				
千　葉	4.0	137	63	63	.8		3L	
にんじん	27.6	△	△	▽				
北海道	23.8	1680	1680	1470	10	ｼｭｳ	M	
ごぼう	1.6	□	▲	□				
群　馬	0.4	2415	-	2100	4	ｼﾞｮ		洗い
青　森		2625	1155	1050	4	ｼﾞｮ		洗い
れんこん	4.5	□	▲	▼				
茨　城	4.4	2100	1575	1470	4	A	M	
はくさい	50.2	▲	▲	□				
長　野	50.2	1365	840	735	15	A	L	黄芯
茨　城		525	-	420	13	A	LL	
みず菜	3.2	□	▲	□				
茨　城	3.1	158	137	126	.2	A	L	
こまつな	3.1	▲	▼	▼				
東　京	0.5	168	74	74	.4			
埼　玉	0.9	168	158	147	.4			
キャベツ	11.7	□	△	△				
群　馬	10.0	-	998	-	10	ｼｭｳ	8	
茨　城	0.0	1260	840	840	10		L	
長　野	1.2	945	-	840	10		6	
千　葉		1155	945	840	10		L	

図10　農産物価格の情報

平成　　年度米の作付面積のガイドライン
及び生産調整目標面積について（通知）

平成

集　　落　015　油島4－1区
農家番号　32110220
住　　所
氏　　名　　　　　　　様

町　長　E

岩手　農業協同組合
代表理事組合長　金

平成　　年度生産調整目標面積の配分を下記のとおり通知します。

なお、今回の配分は仮配分とし、集落での話し合い・調整を行って実施計画書の提出を受けて本配分を通知します。

1．水田面積	25152
2．生産調整（転作）目標面積 （加工用米分は含まない）	8600
3．米の作付面積のガイドライン （加工用米分を含む）	16552
4．加工用米配分予定数量	ウルチ 9　袋／30Kg　610

図11　生産調整への協力を要請する文書

農地情報

規模拡大を指向する農家にとっては，農地にかかわる情報が必要となる。どこに農地を貸してくれる人がいるのか，あるいは，作業を委託したいという人はいないか，また，地代はいくらかといった情報を **農地情報** という。農地情報に関しては，市町村にある，農業委員会が扱っているが，農地情報提供システムの整備や，全国的にデータベース化する機運が広がっている。

資金情報

資金の調達と運用のしかたも，経営計画には重要である。経営を，みずからの手持ちの現金で行う **内部金融** で行うのか，あるいは，**外部金融** にたよるかの判断は経営に大きな影響を及ぼす(図12)。

農業生産は，資金の回転が遅く，その回収に長期間かかる。そのため，農業には **組合金融** や **制度金融** とよばれる，一般金融とは異なった金融システムがある。それでも，畜産などの経営では，施設や農業機械などに資金を投じすぎて，経営自体が負債や赤字に悩む例があり，しっかりした資金計画が必要となる。資金情報をしっかり把握するとともに，自己資金にたよるのか外部資金を利用するのかには，経営者の判断が非常に重要となる。

■組合金融　総合農協(総合農協―県信用農業協同組合連合会―農林中央金庫という系統組織)❶が行う金融(信用)事業をいい，**系統金融** ということもある。

❶農協組織は，全国段階・県段階・市町村段階と一つの系列をなし，さらに事業ごとに，相互に専門化しながら共同していることから，系統組織といわれる。

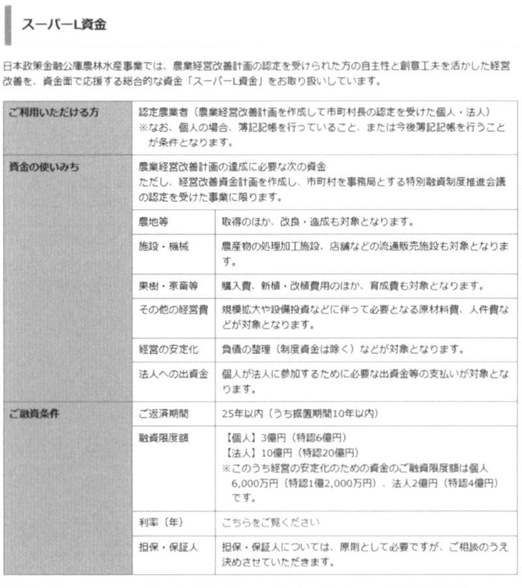

スーパーL資金

日本政策金融公庫農林水産事業では、農業経営改善計画の認定を受けられた方の自主性と創意工夫を活かした経営改善を、資金面で応援する総合的な資金「スーパーL資金」をお取り扱いしています。

ご利用いただける方	認定農業者（農業経営改善計画を作成して市町村長の認定を受けた個人・法人） ※なお、個人の場合、簿記記帳を行っていること、または今後簿記記帳を行うことが条件となります。	
資金の使いみち	農業経営改善計画の達成に必要な次の資金 ただし、経営改善資金計画を作成し、市町村を事務局とする特別融資制度推進会議の認定を受けた事業に限ります。	
	農地等	取得のほか、改良・造成も対象となります。
	施設・機械	農産物の処理加工施設、店舗などの流通販売施設も対象となります。
	果樹・家畜等	購入費、新植・改植費用のほか、育成費も対象となります。
	その他の経営費	規模拡大や設備投資などに伴って必要となる原材料費、人件費などが対象となります。
	経営の安定化	負債の整理（制度資金は除く）などが対象となります。
	法人への出資金	個人が法人に参加するために必要な出資金等の支払いが対象となります。
ご融資条件	ご返済期間	25年以内（うち据置期間10年以内）
	融資限度額	【個人】3億円（特認6億円） 【法人】10億円（特認20億円） ※このうち経営の安定化のための資金のご融資限度額は個人6,000万円（特認1億2,000万円）、法人2億円（特認4億円）です。
	利率（年）	こちらをご覧ください
	担保・保証人	担保・保証人については、原則として必要ですが、ご相談のうえ決めさせていただきます。

図12　スーパーL資金の内容を案内する情報

表2　おもな制度金融

●認定農業者向け 1. スーパー総合資金制度(L，S) 2. 認定農業者育成確保資金
●一般農業者向け 1. 経営体育成強化資金 2. セーフティネット資金 3. 農林漁業施設資金 4. 農業基盤整備資金 5. 農業近代化資金 6. 農業改良資金 7. 農業経営革新円滑化総合融資制度
●新規就農者用 1. 就農支援資金 2. その他(各種制度資金の特例措置等)
●条件不利地域での経営支援用 1. 中山間地域活性化資金 2. 中山間地域経営改善・安定資金

■**制度金融** 農業生産の特質から，農業では長期にわたる低金利資金の必要性が高い。そのために，国や県・市町村などの地方公共団体が財政資金を投入したり，貸付金の利子負担の一部を援助したりする政策的融資を準備している。これを **制度金融** とよぶ（表2）。政策金融なので，国は法律をつくり，都道府県や市町村は条例をつくって，事業を行っている。融資の利子は，一般の貸付利子よりも低くおさえられ，その差額の利子相当額を，国や地方公共団体が負担している❶。

❶これを **利子補給** という。

経営計画上の情報

経営にとって，経営者の意思決定を支援する情報は重要である。それが，技術であるのか，マーケティング（→p.106）であるのか，資金であるのかは，経営のおかれた状況によって異なる。また，簿記や会計によって得られる原価計算や財務諸表（図13），農作業日誌（図14）など，経営分析（→p.224）を可能とする内部情報も経営計画上の情報として重視される。これらは，基本的には自分で記録し分析する情報であり，データ化によって内部情報が概観化される。データさえ整えれば，税理士や会計事務所など，分析を代行してくれる機関もある。こうした機関への依頼は，**アウトソーシング** といわれる。

さらに，これらのデータを意思決定の参考にするには，比較するデータが必要となるため，先進農家の情報やほかの産地の情報，消費動向などの情報も，経営計画を策定するさいに重要となる。

貸借対照表

藤岡ファーム　平成○年12月31日

資　産	金　額	負債および資本	金　額
現　　　金	1,200,000	買　掛　金	800,000
売　掛　金	600,000	借　入　金	2,000,000
機　械　装　置	5,000,000	資　本　金	9,000,000
大　植　物	4,000,000	当期純利益	4,000,000
土　　　地	5,000,000		
	15,800,000		15,800,000

損益計算書

藤岡ファーム　平成○年1月1日から平成○年12月31日まで

費　用	金　額	収　益	金　額
材　料　費	2,500,000	生産物収益	8,000,000
労　務　費	1,500,000	受取手数料	500,000
経　　　費	450,000		
支　払　利　息	50,000		
当期純利益	**4,000,000**		
	8,500,000		8,500,000

図13　財務諸表

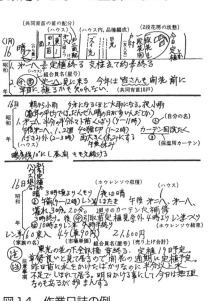

図14　作業日誌の例

4　情報収集とその活用

　これまでの農業は、外部情報に限らず、本来ならば経営内部に蓄積されているノウハウのような経営内部のことも他者の指導を受けたり、他人をまねたりするなど、外部から得る傾向が強かった。それだけ農業には、情報を提供する機関や組織の層が厚く、無償で提供するなど情報提供の環境がよく整備されている。

国・県の農業試験研究機関や地域の普及指導センター

　作物や家畜の新種育成をはじめ、栽培技術などの農業技術に関する情報などは、国や県の農業試験研究機関でさかんに研究が行われている。ここで得られた成果は、県の普及指導員❶を通じて農家に伝わるしくみとなっている。普及指導員は、生産現場がかかえる農業技術の問題点や、解決したい課題の把握につとめるため、農家とつねに接触していて、農家にとっては最も身近な技術の情報源としてある。

　こうしたルートで流れる情報で、最も多いのが生産管理にかかわる情報である。たとえば、①栽培技術情報、②土壌改良基準、③生育状況の判定、④病害虫への対応のしかた、⑤メッシュを使った気象情報、⑥新しい品種や作目などの情報などである（図15）。

　最近では、産地情報や農産物市況、コンピュータを利用したWebページのたちあげ技術など、多方面に及ぶようになっている（図15）。

❶「農業改良助長法」（1949年）によって設けられた制度。農家へ、おもに技術指導をするために設けられ、各都道府県におよそ200人ほどの普及員がいる。

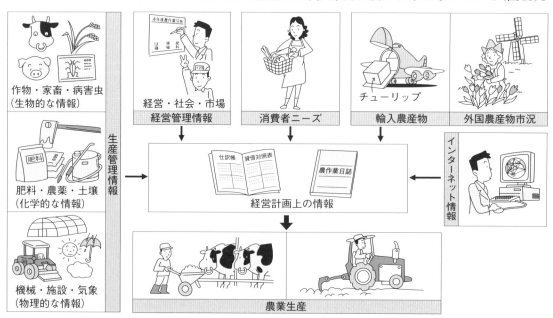

図15　農業が必要とするさまざまな情報

先進農家

全国には,新たなビジネスモデルを構築して先進的な農業を展開している農家が多くいる。こうした農家のもとでの研修も,有力な情報源となる。また,たんなる情報だけではなく,その先進農家がどのようにして情報を得て活用するにいたったか,といった過程も知ることができる。先進農家は,世界を見渡せばさらに多く存在しており,日本には国際農友会など,世界で研修をした人々の組織もある。

農業協同組合

農協は,総合的な情報源である。外部情報はもとより,ノウハウや技術情報も得ることができる。農協には,営農指導員❶を中心として生産管理情報の提供をはじめ,他産地の状況や市況,さらには,資材情報や農地情報・資金情報・政策情報など,農業経営を行うのに必要なほとんどの情報が集まっている。

農協は,稲作の栽培暦をつくって適期作業をよびかけたり,気象情報を流したり,土壌分析情報や経営分析情報,市況情報など,産地内部の情報提供には積極的である。しかし,近年は,農業経営者が要望する情報の水準が高くなり,経営者がそれらの技術情報を独自に得るケースが多くなっており,それにいかにこたえるかが農協にとっての大きな課題となっている。

❶農協の職員で,農家の営農を指導する。

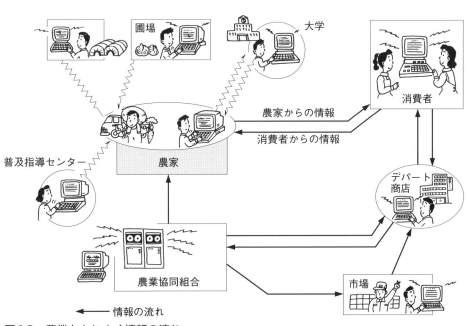

図16 農業をとりまく情報の流れ

市町村, 農業委員会

市町村や農業委員会には, 施策にかかわる情報が集まっている。補助金や生産調整奨励金なども, これらの機関から得られる。また, 農業経営者の成長を支援するための認定農業者制度や法人化に関しても, 農業委員会が窓口になっていて, 農地情報や資金情報, さらには, 法人化のための手続き情報など, さまざまな情報が集まっている。

各種資材のメーカー

農協だけでなく, 農業資材メーカーからの情報も大切である。現在のシステムでは, 資材メーカーは, 農協と競合する場合が多い。しかし, メーカーは, それぞれに特徴のある資材を提供しており, 農協が総合的であるのに対し, メーカーには, 専門的な情報が集まっている。

たとえば, 種苗や肥料などの情報は, 栽培技術と一体になって得ることが可能であり, 飼料などの資材を提供するメーカーの中には, 経営分析サービスを提供するところもでてきている。生産は得意でも, 経営分析は苦手とする農家のために, その苦手な部分を代行サービスするというものである。

市場やスーパー・小売店・消費者

農産物の販売情報は, 通常は卸売市場の動向によって把握できる。しかし,

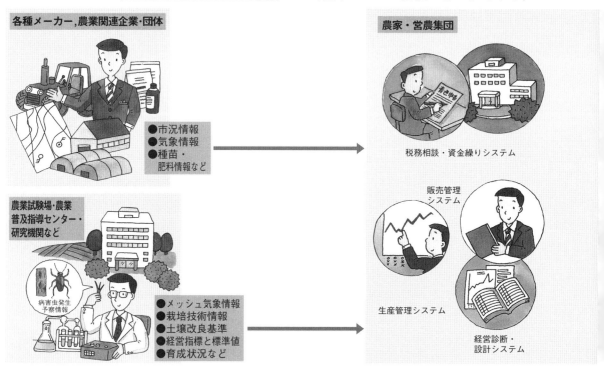

図17 農業経営の改善と情報システム

近年の流通は，消費者側の力が強くなっていることから，ヒントも消費者側にあることが多い。それだけに，消費者への直販や，スーパーや小売店と実際に取引をし，生き生きとした情報を得ようとする農家が多くなっている。

新聞・テレビ・インターネット

市況や世の中の動き，気象情報などは，新聞やテレビなどから得られる。気象情報は，最近では，ケーブルテレビで日常的にはいってくるが，農村情報が進んだ地域では，町中の何か所かに観測所を置き，時間単位で新しい情報を伝えているところもある。

また，インターネットでWebページを開設する農業経営者も増えてきており，これらを利用して，他の経営の情報を得ることも可能となってきた。

経営分析サービス会社

税理士や会計事務所など，経営分析を代行してくれる機関では，経営計画上の情報や社会環境に関するデータ，先進経営の情報など，経営計画を策定するさいに重要な情報を多数もっている。日本政策金融公庫や地方銀行，信用金庫や信用組合には農業経営アドバイザーなどもおり，経営情報源として貴重である。

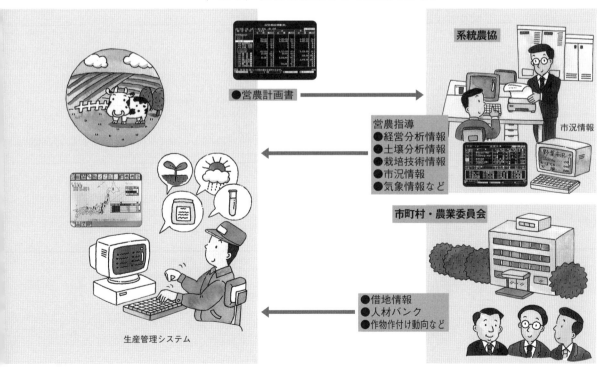

3 農業のマーケティング

目標
・マーケティングとは，どのような活動かを理解する。
・農産物の流通におけるマーケティングの重要性を知る。
・農産物の生産におけるマーケティングの必要性を理解する。

1 農産物流通と市場

マーケティングとは

農産物は，販売されて初めて価値をもつ。「農産物をいかに売るか」という，経営者の主体的活動を **マーケティング** という（図1）。経営者は，消費者や市場の情報をとり入れ，それにみあった販売の方法を確立しようとする。

マーケティングの結果は，生産に直接反映するので，経営者は，「つくったものを売る」という活動から，「売れるものをつくる」という活動に転換することになる。こうした考えかたが，消費者ニーズに沿った農産物をつくり，顧客を満足させる，市場指向型の農業経営をつくることになる。

図1 マーケティングの意味

マーケティングの前提として必要なのは，農産物の販売環境を理解しておくことである。農産物は，生鮮物で腐りやすいということから，ほかの商品とは異なった，特殊な流通スタイルをもっている。いままでは，新鮮な農産物を，消費者に効率的に供給するしくみが課題とされ，効率的な流通について考えられてきた。しかし，「消費者ニーズに沿ったものを，いかに販売するか」というマーケティングは，あまり考えられてこなかった。

農産物市場の特徴

　農産物を売るということは，生産者（供給者・販売者）と消費者（購買者）が取引を行うことであるが，取引を経済学では**市場**とよぶ。

　農産物市場の特徴は，商品が多数の小規模な生産者によって供給されている点にある。たとえば，化学肥料や農機具などの工業生産物が，少数の大規模な生産者によって供給されているのとは対照的である。

　生産者が少数か多数かの違いは，少数では価格は安定するが市場での独占が生じやすく，多数では競争が働き独占が生じにくいが価格は変動しやすい，という点にある。農産物市場は，多数の生産者による競争的市場で，自分で価格を決めるのがむずかしいという特徴をもっている。競争の度合いは米や畜産，野菜など農産物の性格によっても異なるが，農産物市場にとっては，いずれの場合にも価格を安定的にする機能が必要となる。

　その役割は，農協を含む農村のさまざまな集荷・販売組織（出荷機関）が担っている（図2）。その結果，たとえば，群馬県嬬恋村の夏のキャベツなどのように，特定の産地の青果物がある時期に市場を独占し高価格をとることもある。

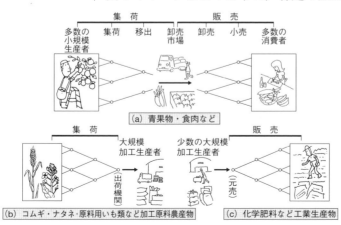

図2　農産物市場と工業生産物市場の取引の比較

3　農業のマーケティング

農産物価格・需要と供給の特徴

一般の商品と同じように，農産物価格も，原則として，その品目の需要と供給に影響されて決まる。

価格と需要量・供給量との基本的な関係は，図3のとおりである。農産物の需要と供給の特徴としては，多くの生産者の存在ということから変動しやすいが，それ以外にも，次のような特徴があり，価格形成に影響を与えている。

■供給（生産）面の特徴

1) 生産（供給）が気候に左右される。
2) 生産に長期間を要する作目が多いので，需要に，ただちに応じられない。
3) 野菜など，貯蔵のきかないものが多いので，供給の調整がむずかしい。

■需要（消費）面の特徴

1) 価格が多少上下しても，農産物の多くは生活必需品なので，需要量に急激な変化が生じない。反面，供給量が不足気味になると，価格は大幅に上昇する。
2) 農産物には，互いに，需要面で競合するものが多い。たとえば，牛肉と豚肉，リンゴとミカン，トマトとキュウリなどである。

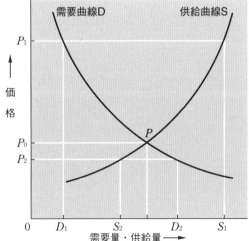

需要曲線（D：Demand）：価格が上がると需要量は減少し，価格が下がると需要量は増大する。したがって，右下がりの曲線となる。
供給曲線（S：Supply）：価格が上がると供給量は増大し，価格が下がると供給量は減少する。したがって，右上がりの曲線となる。
P_1：需要量(D_1)＜供給量(S_1)：商品過剰→価格が下がる
P_2：需要量(D_2)＞供給量(S_2)：商品不足→価格が上がる
　この結果，$P_1 \to P_0$，$P_2 \to P_0$ に落ち着こうとする。そして，価格は需要と供給の一致点(P)に決まってくる。

図3　価格と需要量・供給量

農産物の流通の特徴

農産物市場の特徴を反映し，農産物を安定的に消費者に届けるために，実際の流通ではさまざまな工夫がこらされている。供給サイドの価格形成力が弱いことから，農業者は産地ごとにまとまり，大きな量にして価格に影響を与えようとする。農家は農業協同組合などへ販売を委託し[1]，大量の出荷量を確保する方式をとっている。

米や小麦など貯蔵性のある農産物は，農協に集められたあと農協の上部団体である全農から卸に販売するような流通がとられている。価格は両者の協議で決められる。

これに対し青果物，水産物，食肉，花きなどは，貯蔵性に課題があるため，新鮮かどうか実際に現物をみて確認できる卸売市場でのせり取引流通を基本としている。

こうした農産物には供給者が多数いるため流通も多様になりやすく，①農協委託販売以外にも，②生産者が量販店や小売店，外食業者へ直接販売する，③消費者へ直接販売する，などといったケースがある。

近年では，宅配便やインターネットなど流通手段の発達によって，生産者から消費者へ渡る流通経路は，多様化しはじめており，流通ルートが多数存在し多数の業者が介在するようになっている（図4）。

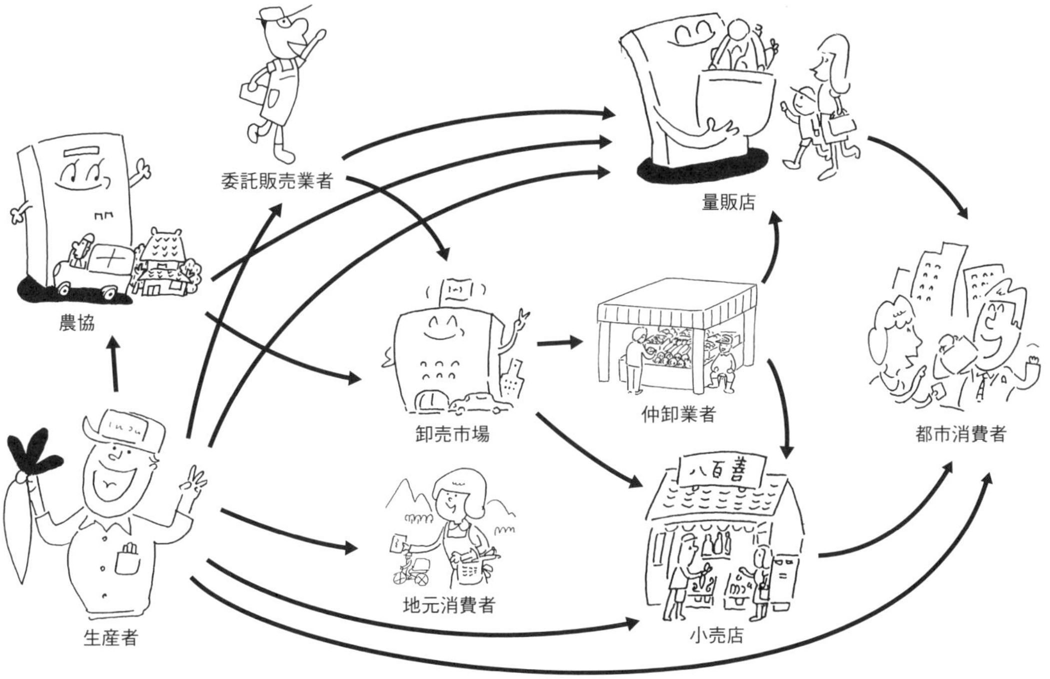

[1] 委託販売：農家から買って，自分のものとして販売するのではなく，農家から委託を受けてかわりに販売するもの。

図4　生鮮農産物のいろいろな流通経路

流通の多様化によって卸売市場を経由した流通の比率は低下し，卸売市場外流通が増加している。量販店では，卸売市場よりも産地から直送をする方がよく選択される。

農産物流通のパターンと価格

農産物の価格は，原則として需要量と供給量の動向によって決まるが，実際には，流通のしかたによっても違いが生じる。

生鮮農産物の流通パターンは，①農協への委託販売(基本は卸売市場取引)，②量販店や小売店，外食業者への直接販売，③消費者への直接販売の大きく三つに分かれる❶(図5)。卸売市場へ出荷した農産物はせりで仲卸業者や売買参加者へ販売されるが，近年では農協も卸売市場を経由しない直接販売ルートを選択することが増えている。

農産物の価格は卸売市場経由でのせりと，互いの協議によるものと二種類あり，それぞれ違いがある。

1) **卸売市場取引**：卸売市場での**せり売り**によって価格を決める取引である。この価格は，それぞれの卸売市場における需要量と供給量の関係のもとでの自由な競争によって，日々変動する。

2) **相対取引**：売買を相互に契約しながら行う取引で，価格は互いの協議によって決めるのが原則となっている。しかし，買い手側の意向が強く反映することがあるので，卸売市場でのせり価格を参考にすることも多い。消費者への直接販売の場合には，価格は生産者が決めることができるが，顧客の満足度が売れ行きを左右する。

❶米の流通は，おもに全農と卸との相対取引を通して行われている。

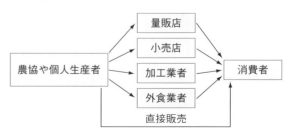

図5　生鮮農産物が生産者から消費者へ渡るまでの流通パターン
　　　(せり売り・相対取引)

卸売市場

せり取引が行われる場所を卸売市場という。卸売市場は「卸売市場法」によって，各地に設置されている。その趣旨は，生鮮食料品などが一定の鮮度を保ちながら，公正に取引され，生産者や流通業者ばかりでなく，消費者をも含めた国民生活全体の安定をはかることにある。

　卸売市場には，大きく分けて**中央卸売市場**と**地方卸売市場**とがある。中央卸売市場は，農林水産省の監督により，市役所などが開設者となって，都道府県にほぼ一つずつ設置されている（図6, 7）。地方卸売市場は，都道府県条例などによって，中小都市などに開設されている。従来からあった市場が，合併などによって公設市場になっているものが多い。しかし，そうでない，その他の卸売市場も，まだ多く存在する。

図6　中央卸売市場（栃木県宇都宮市場）

図7　市場の内部全景（東京都大田市場）

3　農業のマーケティング

卸売市場の関係者

「卸売市場」には，生鮮食料品などの卸売のために，卸売場や自動車駐車場，その他，取引や荷さばきに必要なさまざまな施設が設けられている。卸売市場のおもな関係者は，次のとおりである（図8）。

1) **卸売業者**：卸売市場の荷受機関(会社)で，生産者にかわって商品を販売する業者である。生産者からの商品は，かつては**委託販売**❶に限られていたが，近年は**買付販売**もみられるようになった。1卸売市場における卸売業者の数は，食肉市場や地方卸売市場などでは1社が多いが，青果や水産の中央卸売市場では複数(2社)が多い。

2) **仲卸業者**：卸売市場で卸売業者から商品を購買する業者である。せりで購入した商品を小分けにし，小売業者や加工・大口需要者などせりに参加できない業者へ売り渡す仲介をおもな役割としている。

3) **売買参加者**：仲卸業者と同じように，卸売市場でせりに参加し商品を購買する人で，多くが小売業者である❷。

4) **開設者など**：公設市場には，施設を管理したり，取引が適正に行われるように監督する開設者が必ずおり，卸売市場運営全般に責任をもつ。また，多くの場合，入場者の便宜をはかるため，食堂や雑貨販売などの関連業者や，金融機関が存在する。

これらの関係者が，それぞれの機能を発揮しながら卸売市場を支えている。

❶せりを主催する卸売業者は，産地から委託を受けて，せりにかけて売る役割を果たしていた。これは，産地から直接買い付けると，公正なせりができなくなると考えられていたからである。
卸売業者は，せり落とされた農産物価格のおよそ8%を手数料として得ることで，経営をなりたたせている。

❷一部には，加工業者や大口需要業者を含む。

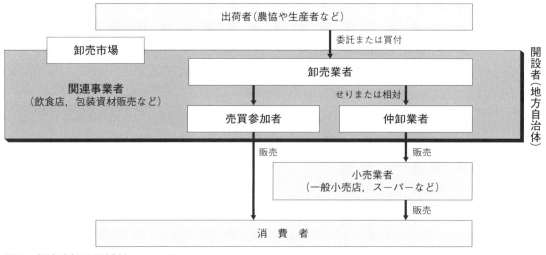

図8　卸売市場の関係者(中央部分)

2 農産物流通とマーケティング

共同販売とは

こんにちの農産物流通の多くは、農協への委託販売によって行われている。これを **共同販売(共販)** といい、複数の農家が農協を中心に集まり、共同で出荷・販売するしくみをいう(図9)。共販には、農協の共販以外にも、地域の出荷組合によるものがある。農家と農協や出荷組織との関係は、農家が販売を委託し、農協がそれを受けて販売先を決めるという関係にある。

共販では、市況をみながら出荷量や出荷時期を決めたり、農産物の規格を最も価格条件のよいものに統一したりといった活動が行われている(表1、図10)。さらに、共販の内容には、**共同集荷・共同選荷・共同輸送・市場選定・共同計算** までも含んでいる。このうち、どこまでを共同で行うかは、産地の実状や商品の種類などによって異なってくる。

表1 ピーマンの出荷規格(栃木県)

品質区分 { A：品質・形状・光沢良好なもの
B：Aにつぐもの

形量区分	バラ詰め 1個の重量	小袋詰め 1袋の個数	調　製
2L	60 g以上	—	粒をそろえる。果梗は短く切る。B品については、S以上の階級でAにつぐもの。小袋詰めは2LおよびB品をつくらず、バラ詰めとする。
L	45 g以上	4個	
M	30 g以上	5・6個	
S	15 g以上	7・8個	

注1) バラ詰めは、段ボール箱に4 kg入れる。
　2) 小袋詰めは、ポリ袋に150 g入れ、それを段ボール箱に40袋入れる。量目は6 kgとなる。
　3) 段ボール箱は、粘着テープまたはチョッパーで閉じる。

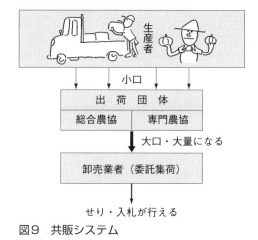

図9　共販システム　　図10　規格に基づいて箱詰めされたピーマン

共同販売の有利性

共販は，次のような点で個人販売より有利性を発揮できるといわれている。

1) **大量に荷(商品)がまとまることによる有利性**：単位あたりの輸送費や事務経費など，流通経費が削減でき，また，市場での優位性(高価格)が発揮できる。
2) **共同選別(共選)による有利性**：選別がきびしく，規格もよく統一されているので，買い手の信用を得やすく，価格も有利になることが多い。
3) **計画出荷と共同計算の有利性**：計画的な販売による有利性が発揮できるとともに，共同計算(プール計算)によって管理経費などの流通経費の一部が削減できる。

マーケティングをいかした流通

共販は，規模の経済をいかして流通のコストダウンをはかる手法である。そのため，流通当事者たちには，ある程度まとまった量を，決まった規格で，決まった時期の，特定の時間帯に提供するという，**定量・定格・定時の原則**を守ることが課されている。生産者にとっても，この物流手法によって販売上の利益を得ることが多かった。しかし，消費者ニーズや，差別化・高付加価値化が重要な要素となってくると，共販には，生産者と消費者とのあいだの意思が通じにくいという欠点があるため，これからの流通に対応するには，いっそうの工夫が必要となっている(図11)。

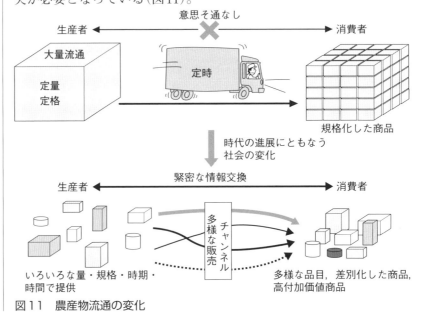

図11　農産物流通の変化

図12 生産者名入りの米

　1970年代には消費者組合などを中心に，一部で産地と消費地を直結する **産地直送販売（産直）** が脚光をあびた。その動きは加速度的に増え，こんにちでは「どこの，だれがつくった農産物」（図12）という，農産物自体がブランド効果をもつようになり，少ない生産量しかもたない生産者でも，有利な販売ができる環境が広がってきた。

　「同じ規格のものを大量に」という市場構造から「特色のあるものをそれなりに」というように，市場の構造が変化したのである。このように，購買者の年齢層や所得層などによる，多様なニーズに応じたさまざまな市場が認められるようになってきた。これを，**市場の細分化** というが，農産物が過剰な時期には細分化が起きやすい。

　また，宅配便網の発達や，電話・ファクシミリ，さらには，インターネットによる情報など，物流の社会的技術の変化が，小口販売を拡大する条件を提供し，**電子商取引** などの拡大をもたらしている（図13）。

　こうした変化に対応するには，従来のように，ものを効率的に流通させるだけではなく，何が売れるのかをみきわめ，消費者ニーズに沿って，みずから市場を開拓し，顧客をつくり出していくなど，マーケティングが必要とされるようになった。

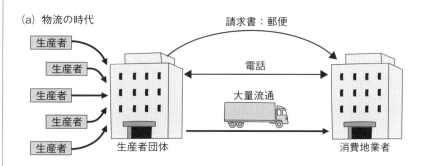

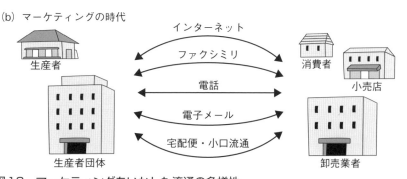

図13　マーケティングをいかした流通の多様性

マーケティングの発展段階

農産物のマーケティングには，次のような発展段階がある(図14)。

1) **第一段階**：すでにあらわれているニーズにこたえるためのマーケティングで，できた商品の得意先を営業によってみつけるといったやりかたである。

2) **第二段階**：潜在的で，多様なニーズに対応するためのマーケティングである。ニーズが発見できても，それにこたえる商品がないといった場合が多く，産地がそれに対応しきれないことが多い。産地には，流通システムのみなおしや，生産のみなおしが必要となる。

3) **第三段階**：情報による差別化や，高付加価値化によるマーケティングであり，製品の開発と同時に，それがもつ「意味」を追求する必要がでてくる。「有機野菜の泥つき販売」などは，このような「意味」を求めることによって成立する販売である。

4) **第四段階**：**トータルマーケティング戦略**とよばれる，本格的なマーケティングである。トータルマーケティングとは，市場動向にあわせて，産地の総点検を行うマーケティングのことである。

とくに，①生産物の商品力の強化(プロダクト Product)，②合理的な価格設定(プライス Price)，③販売地域や販売チャンネルと販売ターゲット(プレイス Place)の特定と強化，④販売促進活動や広告宣伝(プロモーション Promotion)の実行という，**四つのP**を統一性をもって行う販売戦略をいう。別名，**4Pによるマーケティング**ともよばれている。
(→p.122図20)

また，マーケティングの対象は，量販店が多いが，そのほかにも，小売店や卸売業者・消費者なども対象となっている。

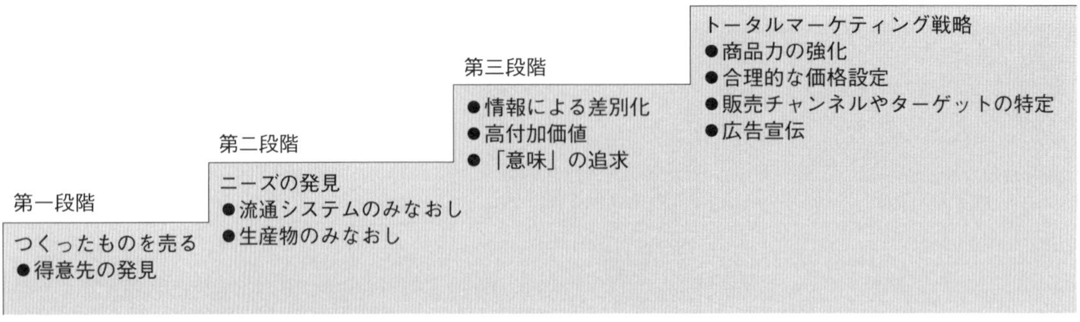

第一段階
つくったものを売る
● 得意先の発見

第二段階
ニーズの発見
● 流通システムのみなおし
● 生産物のみなおし

第三段階
● 情報による差別化
● 高付加価値
● 「意味」の追求

第四段階
トータルマーケティング戦略
● 商品力の強化
● 合理的な価格設定
● 販売チャンネルやターゲットの特定
● 広告宣伝

図14　マーケティングの発展的段階

3 農協のマーケティング

営業活動で，相対取引の契約先を確保

農協は，農産物を集めて，卸売市場などにもっていく集荷業者としての役割を長年担ってきたため，マーケティングの考えが希薄である。このため，「販売先の確保に全力をつくす」のが，マーケティングと考えていることが多い。

一方，一部の農協ではあるが，営業活動によって複数のスーパー・量販店と契約し，たとえ単品目であっても，確実に買ってもらう体制を築いているところもある。これは，110ページで学んだ流通のしくみからすると，相対取引といわれる流通で，市場は通すが，買い手が契約によってすでに決まっている，というやりかたである。このやりかたでは，その農協の農産物は，売れ残ることなく確実に販売できることになり，そうなれば，計画的な生産も可能となるなどのメリットがある。

しかし，多くの場合は，生産したから売るといった姿勢が強く，ニーズがあるものを生産するという発想や，さらには，ニーズにあわせてトータルマーケティング戦略を構築するという発想は弱い。

スーパーに農協コーナー

大都市のスーパーに，特定の農協コーナーを設け，みずからの産地の農産物を販売しているところがある。群馬県の農協が，都内のスーパーに朝どり野菜コーナーを設けたり，大分県の農協が福岡県のスーパーで農協の販売コーナーを設けたりしている事例がある（図15）。

これは，「新鮮な産地直送の農産物を買いたい」という消費者ニーズに対応するため，スーパー側からのよびかけで誕生したものである。このようなニーズは，消費地にはむかしから根強く存在していた。しかし，従来の共販の流通システムを大幅にかえなければならないために，産地のほうが，消費者ニーズになかなかこたえられずにきたのであった。

図15 スーパーに設けられた農協の販売コーナー

農協共販は，従来から規模の有利性を確保することに重点をおいていたため，特定の品目に特化した産地をつくり，大量に，しかも計画的に出荷するやりかたをとるところが多かった。これに対し，スーパーに農協コーナーをつくるとなると，品ぞろえが必要とされる。品ぞろえを増やすためには，大量少品目生産から少量多品目生産へと，産地戦略を転換する必要があり，また，輸送体制も，こまわりのきく体制への転換が必要となる。このような戦略転換は，販売を重視し，マーケティングを中心とした戦略の構築によって，初めて可能となるものである。

農協の直売所運営やアンテナショップ経営

　農協が直売所を子会社化し，地元の消費者を対象としたマーケティングを展開している農協が岩手県内にある。全国に直売所は数多くあるが，「品ぞろえはおそらく日本一」と自負するくらい豊富で，毎日200名以上の生産者がその日の朝に収穫した野菜を提供している。また，地場の農産品だけでなく，全国の農産品をそろえているため，遠方からの消費者にも人気が高い。

　さらには，地元加工業者と連携した商品開発や，町の学校給食への町内産を最優先とした食材の供給など，直売所の運営を核として多角的な事業を実施している。このような取り組みは，全国的にも行われている（図16）。

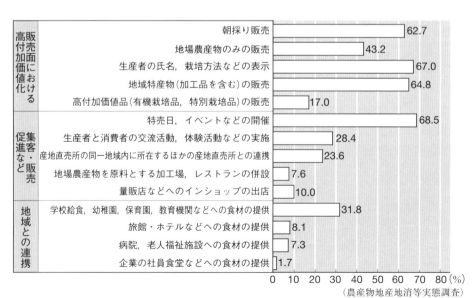

図16　農協が運営する直売所で行っている取り組み事例の割合（2009年）

❶新製品を開発したときなど，消費者の反応をさぐるために実験的に設けられる店舗。

　独自の**アンテナショップ**❶を開店している農協もある。この農協のアンテナショップでは，米・野菜・梅干し・豆腐・納豆・みそなどを販売し，村がそのまま移動してきたような印象を強くうち出している（図17）。

　アンテナショップは，試食会や意見交換会などを通した，消費者との「顔のみえる交流」の場になっている。農協では，この店舗を，地場産農産物の販売と宣伝拠点であり，同時に，マーケティング戦略構築のための情報収集拠点と位置づけている。店員は，農協職員が交代で担当しているが，専門の販売員が，あいさつから細かな対応まで教育するなど，同時に農協職員全員の研修の場としての機能も果たしている。そして何よりも，マーケティングによる，販売力強化のためのノウハウの習得をねらっているのだという。アンテナショップは，①地元の農産物の宣伝・販売，②販売ノウハウの習得，③情報収集，さらには，④職員教育という，多機能をねらった戦略拠点としての働きをしている。

　今後の農業経営には，マーケティングが重要である。しかし，そのノウハウを蓄積する機会がないために，せっかく農業・農村という財産をもっていながら，消費者にアピールできない農協が実際には多い。そうした場合には，このようなアンテナショップで経験を積んだり，他の業界で研修を積むなどして，さまざまな情報を得ることが，大いに参考になる。

図17　農協経営のアンテナショップ

3　農業のマーケティング

4 農業経営者のマーケティング

二極化する農産物市場

農業者による直接販売は、少量であることから、大量生産・大量流通の時代には、その特徴をうち出せなかった。しかし、差別化・高付加価値化の時代になってきて、初めて農業経営者のマーケティングが注目を集めるようになった。これには、消費や市場が多様化し、**ニッチの市場**[1]が出てきたことが影響を与えている。大量生産・大量流通の時代には、全国一律の市場が想定されていたために、市場は、全国どこにでも通用する**大きな市場**だけで、効率的で流通コストの低い農産物が売れることになっていた。

しかし、差別化の時代には、ニッチの市場が多様に形成されることになり、特定の用途や特定の使用価値を追求する**小さな市場**があらわれ始めている（図18）。この背景には、消費の変化のほかにも、宅配便の発達によって小口流通が可能となったことや、インターネットの発達、交通網の発達、社会の変化によって農村への旅行者が増えたことが影響を与えている。

農業経営者のマーケティングは、いわば共販のあいだをぬったニッチとして登場してきた。農家のマーケティングは、基本的にニッチャーのマーケティング戦略となる。それは、みずからの経営資源の何らかの強みをいかし、細分化したすき間の市場に集中化する戦略である。特定の細分化した市場をセグメントというが、細分化の要因は、年齢層・地域・所得階層など、多様である。

[1] 大手の販売者が扱えないような、多様で個性豊かな商品を、少量扱うすき間の市場という意味。

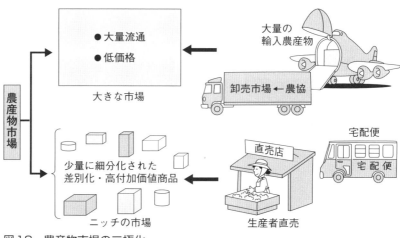

図18　農産物市場の二極化

農家のマーケティングには，大きくは二つのパターンがある。
1)　これまで自分で販売する機会の少なかった農家が，市町村役場や農協がつくった直売所で，みずからの農産物を販売する。
2)　農業経営者が，宅配便などを利用し，みずからの農産物を販売する。

ファーマーズマーケット（農産物直売所）

近年，農村には，農産物直売所が増えてきた（図19）。とくに，これまで直売をしてこなかった農家は，直売所での販売に活路をみいだしている。直売所は，農協のマーケティング戦略の一環として行われる場合もあるが，道の駅❶や，地方自治体が運営するケースも多く，農家のマーケティングの場として大きな機能を発揮している。

交通網が整備され，通勤する人や，農村を旅行する観光客など，農村と交流する人口が増えたことによって，農産物の販売所の人気が高くなっている。地場の農産物を欲する旅行者や通行者を対象とした販売方法が，ファーマーズマーケットでの販売戦略である。しかし，直売所での販売は，マーケティングというよりも，まだまだなりゆきでの販売といった側面が強い。今後は，直売所自体の価値を高めるようなマーケティング戦略を強化していく必要がある。

❶一般道路沿いに設置され，駐車場や休けい所などをあわせもった施設。

(a) 農家の直売所をアピール

(b) 青空市場をうたったネーミング

(c) 車の観光客が多勢立ち寄っている

(d) お客との楽しい語らい

図19　道路際に設けられたファーマーズマーケット

農家のマーケティング戦略

近年，急速に販売数量を拡大しているのは，農業経営者による直販である。直売所を利用し，地産地消による販売に力を入れる農業経営者も存在しているが，営業やインターネットによって顧客開発をしたり，宅配便を利用したりして，全国的に顧客を開拓して直販する農業経営者が増加している。この動向は，店舗販売をしのぐほどになっている。そのマーケティング対応には，次のような特徴がみられる。116ページで学んだ四つのPと関連させてみてみよう（図20）。

1) **何を売るか**：製品（プロダクト・コア Product core）が，しっかりしていることが重要である。たとえば，"有機栽培のおいしい農産物"をうたって，それに，独自のネーミングをして販売していることなどがあげられる。

2) **どこで売るか，販売チャンネルの確保**（プレイス Place の確保）：これは，農業者の力量によってそれぞれ違っている（図21）。

3) **どのような価格設定を行うか**（プライス Price の設定）：価格は，業務用になるほど低価格が要求され，家庭用は，比較的，価格が維持されるという特徴がある。通常，外食は契約価格が一定で安定している。変動があるのは，食品スーパーなどが大量に扱う場合である。価格設定と販売チャンネルとは，連動していることが多い。

プロダクト（製品）
- 有機栽培の米
- おいしい米
- 生産者の顔

プレイス（販売先）
- 米にこだわっている家庭
- レストランなど
- 食品産業

プライス（価格）
- 業務用は低価格で均質な米
- 家庭用はそれなりの価格

プロモーション（販売促進活動）
- 独自のネーミング
- 他の農産物とのだきあわせ
- 営業活動

図20　四つのPによるトータルマーケティング

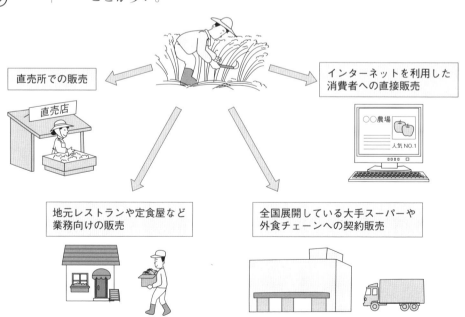

図21　さまざまな販売チャンネル

4) 販売するためにどのような宣伝や営業を行うか（プロモーション^{Promotion}の実行）：スーパー店頭での宣伝や営業，さらにはさまざまな広告や，ほかの農産物とのだきあわせ販売など，多様な活動がみられる。

農業経営者の販売にみるプロダクト・コア

質の高い農産物を販売することは，非常に重要である。そのためには，農産物製品のプロダクト・コアが消費者を引きつけるような魅力のあるものでなければならない。こんにちでは，生産者が直接販売する農産物は，多くが有機栽培であることが必要最低条件となっているため，それだけがプロダクト・コア（製品）ではもはや売れなくなっており，新しいプロダクト・コアの創造やグレードアップが必要とされている。

安全で安心な農産物であることも重要な要因であるが，近年では当然のことと受け止められるようになった。そこで，ニッチ市場で差別化してブランド効果をもたせようと努力している。たとえば，「あの県で生産し，販売している，あの人（または，人たち）の米」という，生産者ブランドの強調や，地域ブランドの構築などさまざまな試みが行われている（図22）。それらは，人の技量に従った価値といわれている。このように，つねにグレードアップが求められることが，近年の農産物販売の特徴である（図23）。

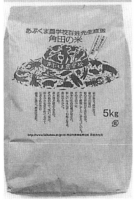

図23 魅力ある米をアピールする表示

地域の篤農家が生産する

地域にやってくる渡り鳥をモチーフにする

台風が来ても落ちなかったリンゴ

篤農家の名前を全面に出して販売

渡り鳥の名前をつけた米を販売

「落ちないリンゴ」として販売し，受験生に好評

図22 さまざまなブランドの構築

4 農業経営の社会環境

目標
・農業経営における地域の実態について知る。
・農業経営の背景にある，さまざまな農業団体について学ぶ。
・農業経営者を支える農業政策について理解する。
・農業経営が外国とも密接な関係にあることを理解する。

1 農業経営にとっての地域

農業と集落コミュニティ　農業は，土地を使って農産物をつくるため，地域と密接な関係をもっている。農業経営にとっても，農村集落をはじめとする，地域とのかかわりは非常に大きく重要である。たとえば，集落座談会は，政策情報や近隣（きんりん）の営農情報を得るのに最も身近な会合であり，ときには，集落内部で「水田転作地の農作業を行おう」という話や「生産組織をつくろう」という話になることもある。

ふつう，農村という場合には，行政単位の村のほかに，かつての大字（おおあざ）などをさし，一般に字（あざ）を，**集落**とよんでいる（図1）。

農村には，むかしから道路や用水路の整備，山林の管理など，生活と生産に結びついた重要な「むらしごと」があり，そこには，さまざまな**しきたり**があった。これらの仕事やしきたりは，稲作を中心とする日本農業にとって慣習として残り，地域の農業生産やコミュニティの維持などの面で，重要な役割を果たしてきた。

図1　集落のようす

集落コミュニティの衰退　1960年頃からの，経済の高度成長によって，人口の都市への大移動が起きると，都市近郊農村では，混住化・宅地化が進み(図2)，その結果，むらしごとやしきたりが，しだいに消滅していった。また，農山村においても，新幹線や高速道・国道・県道などの交通網が発達し(図3)，大小さまざまな工場の誘致やゴルフ場などのレジャー産業が進出した。このような変化によって，農家もさまざまな職業を兼業できるようになり，農業を中心とすることによってつくられていた慣習などが希薄になっていった。

一方，中山間地の農村の自然条件は，傾斜地が多く，消費地からも遠いことから，経済的に不利な面が多い。そのため，人口の流出に歯止めがかからず，過疎化と高齢化が進み，耕作放棄地が多くなっている。

農村の問題は，都市近郊・純農村・中山間地といった，地域によってそれぞれ異なるものの，いずれの地域でも，農業や林業の衰退，地域の慣習やしきたりの希薄化が進み，農村の振興をはかることが困難な状況となっている。そのため，1980年代からは，市町村や農協などが中心となって，地域農業振興計画などで，地域農業の組織化や集落営農，第三セクター❶による振興など，さまざまな農業の振興策が実施されることとなった。

❶国や地方自治体と民間企業が資金を出しあって事業を行う法人。

図2　混住化が進む農村

図3　交通網の発達による農村の都市化

4　農業経営の社会環境

農業協同組合組織

農村では、地域の人々が生活し、農業を営むために、さまざまな組織や団体をつくってきた。なかでも、**農業協同組合（農協、JA）** は、最も大きな組織である。

農業協同組合の目的は「事業によって組合員に奉仕をすること」である。「農家が協同して助け合う」という相互扶助の精神のもとに、農家の営農と生活を守り高める活動を行っている。多くの農家が加入していて、共同の事業や活動を行っている。それだけに、農業経営者にとっては、情報収集や営農活動において、本来は、最もたよりになる存在である。

農協は、15人以上の農家が集まって設立でき、加入や脱退は、自由である。しかし、実際には、農協は地域と一体化しているため、脱退することは地域から抜けるような感覚になり、脱退する人はほとんどみられない。

■**農協組織**　農業協同組合は、農家が住んでいる市町村に存在している。農協は集落を集めて組織をつくっているが、集落が自然発生的なのに対し、それを農協の組織単位として組み込んだものを**農家実行組合**などとよんでいる。実行組合は、農協の基礎単位となっている。農協を束ねる農業協同組合連合会が都道府県ごとにおかれ、さらに、全国段階の全国連合会がおかれ、農協は3段階制の組織形態をとっている。これを**農協の系統組織**という（図4）。

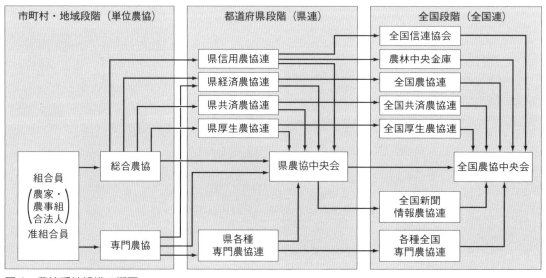

図4　農協系統組織の概要

しかし，近年は，単位農協が市町村をこえて広域に合併し，都道府県段階の連合会の存在意義がうすれ，全国連合会と合併して2段階制に移行し，都道府県の連合会は全国連の支所となっているところが多くなっている。

■**農協の事業**　農協の仕事は，資金調達から生産物の販売まで，農家の生産活動全般にわたる活動と同時に，「ゆりかごから墓場まで」といわれるように，組合員の生活や健康に関する幅広い活動が行われている（図5）。

事業としてみれば，**営農指導・信用事業・購買事業・販売事業・共済事業・生活事業** が基本となっている。さらに，農産物の加工を行う **加工事業**，宅地の売買賃貸などを行う **宅地供給事業**，組合員の委託を受けて農業を行う **受託農業経営事業**，農業生産・生活の共同利用施設を設置し，利用する **利用事業** などがある。近年では，法人化した農業経営者などを支援しながら，地域農業を再構築しようという動きもみられるようになった。

農村のその他の組織

■**区**　農村には，行政の一端を担っている区がある。区は集落と同じ場合もあれば，複数の集落がはいっていることもある。区には，区長や自治会長がおり，都市の町内会のような役割を担っている。

■**農業委員会**　市町村に一つずつおかれ，農用地の権利の移動に関する業務を行っている。委員は，選挙によって選ばれる。近年は，農業経営の改善や振興計画にかかわる業務も行っていて，市町村役場に事務機関がおかれている。

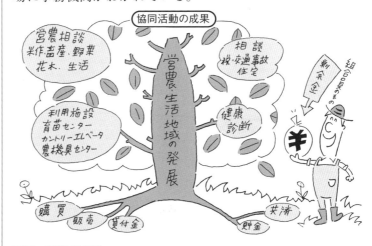

図5　農協の事業

■**農業共済組合** 作物の共済制度をつかさどるのが，農業共済組合である。冷害や病虫害などによる収量の低下分を補償するために，保険制度がつくられているが，それを運用する機関である。また，病害虫の防除作業を実施している。郡単位で事務所がおかれている。

■**土地改良区** 農業用水や，農地の整備事業などの維持・改良（図6）にあたる組織で，水利組合などが，第二次世界大戦後の法律制定によって土地改良区となったものである。そのため，ほぼ水系単位で組織化されている。

■**普及指導センター** このほか農村には，**普及指導センター**などがある。普及指導センターは，農業技術や経営技術に関する普及を目的とした機関で，国と都道府県が共同で活動を行っており，だいたい郡単位に事務所があったが，近年は，さらに広域化している。

② 農業政策と食料政策

農業経営と農業政策　農業者の行動や意思決定は，一般の労働者と違い，だれに指図されるわけでもなく，きわめて自由にみえる。しかし，一見，自由にみえる農業者も，じつは，大変多くの政策上の制約を受けている。

たとえば，稲作には生産制限があり（図7），農地にも所有制限があるため，だれでも農地を使って経営できるわけではない。国は，いくつかの法律などによって，補助金や低利資金を融通したり，直接，所得支払いをしたりして，農業を援助している。このような農業政策は，いずれも国の経済政策の一環として行われているものである。農業経営者は，こうした制度や政策に精通することによって，より有利な営農を進めることができる。

図6　水田の基盤整備

図7　減反政策で放棄された休耕田

農政の必要性と食料・農業・農村政策

農業政策による農業への関与は，非常に多面的である。その範囲は，生産や流通から消費や食料政策，農村地域政策から研究開発までと幅広い。

もともと，農業政策の重要性がいわれるようになったのは，1920年代から1930年代にかけてである。当時は，世界不況の影響をまともに受け，国内全体の経済も思わしくなく，さらには冷害に見舞われるなど，農村の疲弊が続いていた。米騒動（1918年）が起こり，小作争議が全国で起こるなど，騒然とした状態にあった頃である（図8）。農政には，こうした事態に対処するために，生産基盤強化を支援し，かつ国民に安定的に食料を供給することが強く必要とされた。

農政の課題は時代とともにかわり，食料不足への対応から，現在では，グローバル化への対応や農業構造を変革する課題，食の安全問題などが大きな課題となっている。

現在の農政の基本方向は，1999年に成立した「**食料・農業・農村基本法**」によって示されている（図9）。これは，1961年の「農業基本法」を改正して成立した新たな基本法である。この法律によって，これまで「農業政策」とよばれていたものが，「食料・農業・農村政策」とよばれるようになった。

図8　米騒動（岡山精米会社の焼き打ち）

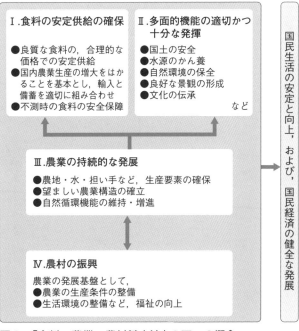

図9　「食料・農業・農村基本法」の四つの概念

農業政策実施の方法

農政は，法律によって実施されるが，それだけではなく，行政指導や補助金支出，低利融資など，実施の手法は多岐にわたっている。多くの場合，政府の財政支出と関連づけて行われるが，法的な規制だけのこともある。

政策の実施機関は，政府（農林水産省）を中心に，各都道府県，市町村といった自治体を実際の実施機関とし，ピラミッドのような組織を構成している。また，農協や農業委員会，土地改良区といった農業団体も，これら行政の一環に組み入れられている。

食料の安定供給にかかわる政策

「食料・農業・農村基本法」では，まず食料の安定供給の確保が重視されている。政府は，国内の農業生産を増大させるとともに，輸入と備蓄を適切に組み合わせ，食料を安定的に供給するとしている。また，不測の事態が起きたさいには，食料の増産と流通の制限などを実施するとしている。これは，**食料の安全保障政策**といわれている。

日本の食料自給率は，2009年には，熱量（カロリー）ベースに換算して40％と，ほかの先進国にみられないほど低下している。こうした下落傾向に，歯止めをかけることも，重要な政策課題とされている。課題を解決するためには，日本の農業構造をより効率的な競争力のあるものに転換し，供給力を高めることが大切になる。

食料自給率の向上と安全・安心のための政策

食料政策において重要なのは，消費者重視の政策をいかに展開するかである。

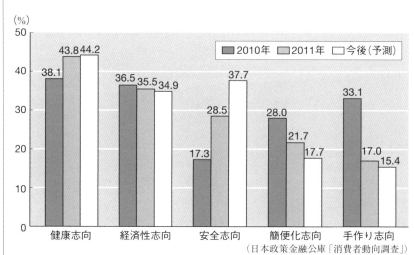

図10　消費者の食の志向
（日本政策金融公庫「消費者動向調査」）

消費者が求めている安全・安心な食料（図10）を提供するために，食品の衛生管理や品質管理，食品の内容に関する適切な表示などを規定した法律が実施されている。

O157による集団食中毒やBSE（→p.23）の発生がみられたことから，2003年には「**食品安全基本法**」が制定された。これによって，食品安全委員会を内閣府に設置するなど，食品衛生行政が強化された。また，食品のリスク評価や，管理リスクコミュニケーションも活発になってきた。さらには，食品表示制度運営・監視強化，トレーサビリティ・システム導入支援，地域・学校・家庭での食育推進，地産地消の推進，動植物検疫の強化なども行われ，原産地表示制度や，全農薬の残留基準値を設けるポジティブリスト制度（→p.28），GAPの導入（→p.29）なども行われている。

農業の持続的な発展にかかわる施策

■**農業構造政策**　農業は，意欲のある農業経営者による創意工夫をいかした農業経営と，彼らを中心とした農業構造となるような構造改革が期待されている。構造とは，生産要素としての農業者や諸生産材，とくに農地，さらに資本との結合のしかたをいうが，その望ましい構造をつくるための政策を **構造政策** という。

農業では，一般的に農業者と資本の結合はかえやすいが，農業者と農地の結合のしかたは，農地の私的所有のためにかえにくく，規模の拡大が困難となっている。構造政策の当面の課題は，農業者と農地の結びつきをかえることにある。日本の農業の多くは零細ではあるが，それでも一部に大規模経営があらわれ始めている。

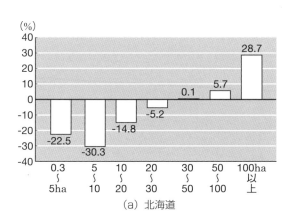
(a) 北海道

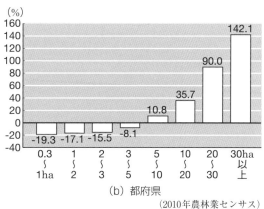
(b) 都府県

（2010年農林業センサス）

図11　経営耕地面積別でみた農業経営体数の増減率（2005年から2010年での増減率）

■農業経営の育成　構造政策としては、土地利用型経営体の育成と、体質強化が強調されている。とくに、担い手の確保が深刻な課題で、経営者感覚あふれる農業経営者の育成が求められている。政府は、1993年に**認定農業者制度**をつくり、農家の法人化を進める政策によって、農業経営者の育成を進めようとした。

　認定農業者制度は、個々の農業者が魅力ある農業経営計画を提案し、それを国が認定する制度である。経営計画をつくる目的は、①農業を職業として選択できるようなやりがいと魅力があるものとし、②他産業なみの労働時間で営農でき、③生涯所得を他産業に負けない水準にひき上げるためのものである（図12）。

　法人化は、経営感覚を養成するとともに、農家以外の人々でも農業へ参入できるよう、そのさいの窓口として期待された。「**農地所有適格法人制度**」（→p.73）を利用すれば一般の人や企業でも農業に参加できるしくみとなったが、かつては要件がきびしく、なかなか農家以外への開放が進まなかった。これは、日本の農業構造改革の原点である農地法が、農家以外の農業参入を認めていないためであった。

■農地改革と農地法　現在の農業構造政策の原点は、第二次世界大戦直後に行われた**農地改革**にある。これは、小作地❶を開放し、自作農❷をつくろうとした改革で、戦前の農地と農家との結びつきかたを根本的にかえた改革である。それを法制的に整備・集大成してできたのが「**農地法**」（1952年）であった。

　農地法は、構造政策の最も基本となる法律であった。この法律は、「耕作する者が、農地を所有している状態が望ましい」という考えのもとにつくられ、耕作しない地主❸を認めず、農地を所有しない者の農業への参入を認めなかったことから、農家以外の人の農業への参入を事実上否定したものであった。

❶他人に耕作させることを目的として貸し出される農地
❷自身が所有する農地を耕作する農民。
❸農業の場合には、貸付け農地（小作地）を所有し、地代収入を得ている者。

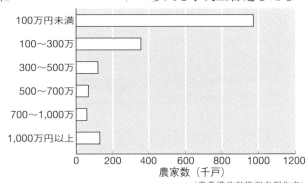

（農業構造動態調査報告書）　図12　農産物販売金額農家数（2009年）

■**農業への企業参入**　将来，日本の農業の基幹を担うには，33～37万戸の家族経営と1万の法人経営，それに2～4万の集落営農経営が必要とされている。農家の数は減少するなかで，認定農業者を育成すると同時に，法人化の推進，農業への企業参入などは日本農政にとっての重要な課題である。

　現在，認定農業者は，24.7万人にまで増えており，農地所有適格法人は1.5万をこえ，そのうち株式会社は4000をこえている（2015年）。これは，2000年以降，農家以外の農業参入のための制度改革が進んだためである。

　さらに，2009年の「農地法」の改正により，一般法人も農地の貸借によって農業への参入（リース方式）が認められたのは，大きな変革であった。農地所有適格法人でない企業などでも，地域や農地を限定されることなく，農地の賃借や営農が可能になった。このリース方式での参入によって，2000をこえる一般企業が農業に参入（2015年）しており，今後もその伸びが期待される。

■**環境保全型農業の推進**　近年，環境保全型農業がいわれるようになったが，農政は「食料・農業・農村基本法」において，環境と調和のとれた農業生産の推進を打ち出している。

　具体的には，持続性の高い農業生産方式を目指すエコファーマーの認定，持続型農業促進法，家畜排せつ物および肥料の扱いかたを定めるなどの「**農業環境三法**」を制定した。さらに，2014年には，「**日本型直接支払制度❶**」がつくられ，環境・資源の保全に地域ぐるみで取り組む活動や，地域でまとまって化学肥料や化学合成農薬の使用を低減する営農活動などへの支援を行っている。

❶農業の多面的機能の維持・発揮を目的とした制度で，多面的機能支払，中山間地域等直接支払，環境保全型農業直接支払がある。

図13　キャベツの露地栽培（群馬県）

4　農業経営の社会環境

農村の振興に関する施策

■**農村振興** 農村にとっては，農林業の振興だけではなく，地域全体の活力の維持も重要な課題である。農村地域政策は，それらの実現のために必要とされる政策である。政策には，①農村活力の維持，②適正な土地利用に基づく農業生産基盤の整備(図14)，③交通情報通信の基盤整備，④他産業活動の振興，および，生活環境や景観の整備，⑤伝統・文化の保持育成(図15)，⑥医療や福祉の充実，などが望まれている。

■**農用地転用の制限** 農村の総合的な振興をはかるさいには，農地の活用のしかたは避けて通れない課題である。農地は，「農地法」に規定されているように，農家が耕作するためのものであって，むやみに宅地にしたりすることはできない。転用に関しては，強い規制が設けられている。土地は，国民にとって限られた資源である。そのため，土地の利用にあたっては，公共の福祉を優先させる必要があるとして，国の規制が強くなっている。

　国土全体については，都市・農村・森林・自然公園・自然保全の五つの地域に分け，それぞれに土地利用計画を定めるとともに，地価の値上がりなどを防ぐことを目的とした「国土利用計画法」(1974年6月制定)がある。

図14　農道の緑化

図15　伝統文化の継承(栃木県日光市)

都市と農村地域については，それぞれの地域が特有の発展をするように，都市の側面からは「都市計画法」（1968年6月制定），農業の側面からは「農業振興地域の整備に関する法律」（「農振法」，1969年7月制定）がある。「都市計画法」では，市街化区域❶と市街化調整区域❷とに区分（線引き）し，「農振法」では，農業振興地域を指定し，とくに，その中に農用地区域を定め，個々に，重点的に農業の財政資金を投入しようとしている。

❶優先的に市街化を進める区域。
❷市街化を制限する区域。

■**中山間地の直接支払い制度**　近年，耕作上の不利から，多面的機能が失われつつある中山間地域にかかわる政策は，重要な課題となっている。中山間地農業の不利を補正し，多面的機能を維持・増進する活動に対し，政府は直接支払いを行う制度をつくり，2000年度から補助を始めている。休耕地の管理やあぜ道の補修など（図16），地域の農業を維持する諸活動に，この補助金が使われている。

■**都市農村交流政策**　また，農村の景観（図17）や新鮮な農作物を，多くの国民に提供するための活動も重要となる。グリーン・ツーリズムの活発化や，市民農園活動，農産物の販売などによって，都市と農村の交流が活発化することが求められている。

図16　排水溝の埋設

図17　中山間地の景観（棚田）

4　農業経営の社会環境　135

グローバル化に対応する農政

■国際協調農政　「食料・農業・農村基本法」にみられる日本の農政は，ガット(GATT)❶「ウルグアイ ラウンド農業合意」を前提としている。これは，1993年に決着し，その中身は1995年に発足したWTO❷に引き継がれ，こんにちにいたっている。こんにちの農政の基盤となっているのは，WTO体制下での考えかたであり，それを基本的な合意とする日本の農政を **国際協調農政** とよぶこともある。

ガット・ウルグアイ ラウンドでのとり決めや，WTOでの基本的な考え方は，世界の貿易を活発化する観点に立っており，自由貿易をさまたげる政策はできるだけ除去しようとする考えに立っている。自由貿易をさまたげる政策とは，さまざまな国内農業保護政策や，関税などの国境措置などで，輸出補助金，関税，セーフガード，国家貿易制度，輸入割当制度，課徴金制度などがある。

■国際協調農政の考えかた　ウルグアイ ラウンドでは，これらを関税に一元化することが話し合われ，最終的に次の1)～3)のような合意となった。

❶General Agreement on Tariffs and Trade（関税貿易一般協定）の略。

❷World Trade Organization（世界貿易機関）の略。

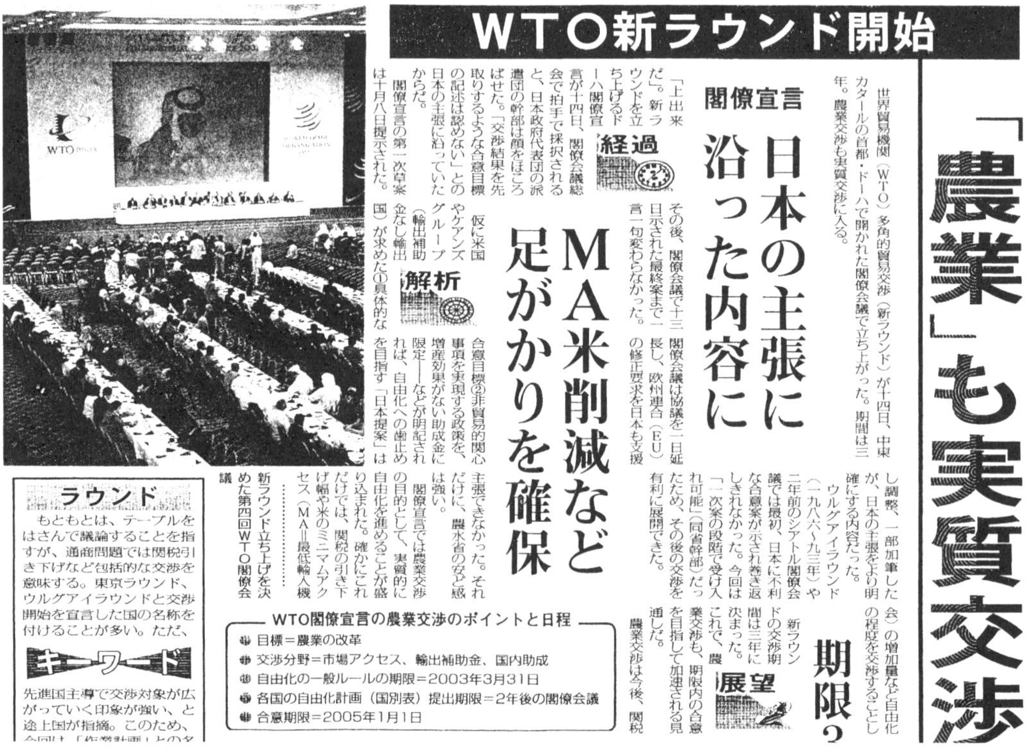
WTO新ラウンド開始

「農業」も実質交渉

世界貿易機関（WTO）多角的貿易交渉（新ラウンド）が十四日、中東カタールの首都・ドーハで開かれた閣僚会議で立ち上がった。期間は三年。農業交渉も実質交渉に入る。

閣僚宣言

日本の主張に沿った内容に

経過

「上出来だ」。新ラウンドを立ち上げるドーハ閣僚宣言が十四日、閣僚会議総会で拍手で採択されると、日本政府代表団の派遣団の幹部は顔をほころばせた。「交渉結果を先取りするような合意目標の記述は認めない」との日本の主張に沿っていたからだ。

閣僚宣言の第一次草案は十月八日提示された。その後、閣僚会議で十三日示された最終案まで一言一句変わらなかった。閣僚会議は協議を一日延長し、欧州連合（EU）の修正要求を日本も支援し調整、一部加筆したが、日本の主張をより明確にする内容だった。

ウルグアイラウンド（一九八六～九三年）や二年前のシアトル閣僚会議では最初、日本に不利な合意案が示され巻き返しきれなかった。今回は「一次案の段階で受け入れ可能」（同省幹部）だったため、その後の交渉を有利に展開できた。

期限？

展望

新ラウンドの交渉期間は三年に決まった。これで、農業交渉も、期限内の合意を目指して加速される見通しだ。

農業交渉は今後、関税

MA米削減など足がかりを確保

解析

仮に米国やケアンズグループ（輸出補助金なし輸出国）が求めた①具体的な合意目標②非貿易的関心事項を実現する政策を、増産効果がない助成金に限定――などが明記されれば、自由化への歯止めを目指す「日本提案」は主張できなかった。それだけに、農水省の安ど感は強い。

閣僚宣言では農業交渉の目的として、実質的に自由化を進めることが盛り込まれた。確かにこれだけでは、関税の引き下げ幅や米のミニマムアクセス（MA＝最低輸入機会）の増加量など自由化の程度を交渉することとし

新ラウンド立ち上げを決めた第四回WTO閣僚会議

ラウンド

もともとは、テーブルをはさんで議論することを指すが、通商問題では関税引き下げなど包括的な交渉を意味する。東京ラウンド、ウルグアイラウンドと交渉開始を宣言した国の名称を付けることが多い。ただ、

キーワード

先進国主導で交渉対象が広がっていく印象が強い、と途上国が指摘。このため、

WTO閣僚宣言の農業交渉のポイントと日程

- 目標＝農業の改革
- 交渉分野＝市場アクセス、輸出補助金、国内助成
- 自由化の一般ルールの期限＝2003年3月31日
- 各国の自由化計画（国別表）提出期限＝2年後の閣僚会議
- 合意期限＝2005年1月1日

図18　WTO問題を報じる新聞記事

1) **国境措置の関税化**：日本は，米の関税化に反対したため，**ミニマム アクセス**という制度を受け入れざるを得なかった。この制度は，「国内に需要がなくても，最低限（ミニマム）の数量を輸入（アクセス）しなければならない」とするものである。日本へは，玄米に換算して合計で毎年74万tのミニマム アクセス米がはいっており，こうしたことが米の過剰に拍車をかけている。

2) **輸出補助金の廃止**：輸出補助金は，日本の制度にはないので，とくに問題はない。

3) **国内助成の削減**：日本にとって重要で，削減するためには「削減対象の政策」と，財政支出をしてもよい「削減対象外の政策」とに区分する必要がある。削減対象となるものは，貿易や市場取引をさまたげる政策であり，その一つに，価格支持政策がある。これに対し，政府が提供するサービスや，補助によって生産を刺激しない政策は，補助の対象としてもよいことになった。

■**日本農政の転換** ウルグアイ ラウンドのような国際的取り決めに合意することによって，日本の農政は，価格政策から市場経済へ転換を始めた。

まず，生産者米価や消費者米価を決める価格政策のもととなっていた「食管法」❶が改正され，市場原理によって米が流通する「食糧法」❷にかわった。構造政策や生産政策とともに，価格政策を主要な政策手法の三本柱の一つとしていた「農業基本法」が改正され，市場原理を導入した「食料・農業・農村基本法」にかわった。さらに，市場対応する農業経営者の育成がうたわれた。

また，農業の保護も，米価維持などの価格支持政策から，農家へ直接所得補償する保護方式への転換がはかられ，2010年には「戸別所得補償モデル事業」が実行に移された。直接所得補償は，ウルグアイ ラウンド以降の国際的な取り決めと整合性をもった保護方式となっている。

一方，世界での農産物貿易のありかたを協議する機関として，1995年にガットを組織改編したWTOが成立した。2001年から，WTOはドーハ ラウンドにはいっているが，参加国が多すぎるため，新たな合意にいたることができていない状況である。

❶，❷正式名称は，それぞれ「食糧管理法」，「主要食糧の需給及び価格の安定に関する法律」である。

❶Free Trade Agreement(自由貿易協定)の略。
❷Economic Partnership Agreement(経済連携協定)の略。

　WTOのような多国間ではなかなか決まらないため、関係する二国間で自由貿易協定を結ぶケース(FTA❶／EPA❷協定)が多くなっている。二国間協定の深化によって、世界の貿易はますます相互の依存性を高めており、自由貿易、グローバル化の流れは避けられない状況にある。そのため、各国にとっては、自由貿易と共存する農業のありかたが求められるようになっている。日本の農政は、自由貿易と農業振興とは矛盾・対立したものととらえているため、自由貿易と共存する農業振興を行うことに遅れをとっている。

　日本の農業が、輸出が極端に少ない構造となっている(図19)のは、国内市場だけを対象とする農業が行われ、国内で過剰になれば、生産調整などで生産制限策を講じてきたことに原因がある。そのため、全体の農産物供給力が低下する結果となっている。

　食料安全保障の観点からも、国内農業の供給力の強化が期待されている。これを実現するために、自由貿易体制のなかでも輸出力をもつなど、競争力のある農業の構築が求められている。

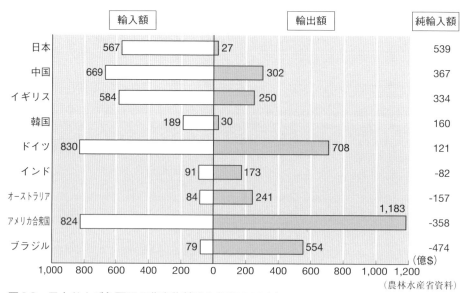

図19　日本および主要国の農産物輸出入額(2008年)
(農林水産省資料)

第4章

農業経営の会計

1. 簿記の基礎
2. 各種取引の記帳と決算
3. 農産物の原価計算

農協貯金の窓口

会計処理の
コンピュータ画面

1 簿記の基礎

目標
- 簿記の意味や簿記の五つの要素などを理解する。
- 取引・勘定・仕訳など，複式簿記の基本を理解する。
- 複式簿記による，基本的な取引の記帳から決算までの流れを理解する。

1 簿記とは

簿記の意味と目的

農家などの経営体は，種苗・肥料・農薬などを買い入れたり，トマトやキュウリなどの農産物を販売したり，銀行からお金を借りたりなど，さまざまな経営活動を行っている。簿記とは，このような経営活動を一定のルールに従って帳簿に，**記録・計算・整理**する技術である。また，簿記には次のような目的がある。

1) 経営体がもっている財産(現金や飼料，借入金など)の日々の増減を記録して，**財産管理**を行う。
2) 経営体が現金や農産物などをどのくらいもっているか，借入金はいくらあるかなど，一定時点の**財政状態**を明らかにする。
3) どのような経営活動によって，どれだけの利益をあげたかなど，一定期間の**経営成績**を明らかにする。

簿記の役割

簿記には多くの役割があるが，おもなものは，次のとおりである。

補足　農業簿記の学習にあたって

農業は，ものづくりという点では工業と共通するが，同じものづくりでも，工業と異なり，自然現象の影響を受けながら，土地を利用して動植物を育成するという特徴がある。そこで，農業簿記では，農業に特徴的な動植物の育成に関する記帳方法なども学習することになる。

1) 経営者が，現在の農業経営の状態を判断したり，将来の経営計画を立てたりするときに必要な資料を提供する。
2) 出資者や銀行などの利害関係者に対して，必要な情報を提供する。
3) 国や都道府県などに納める税金の額を計算するときの資料を提供する。

簿記の種類

簿記は，記帳方法の違いによって単式簿記と**複式簿記**とに分けられる。単式簿記には，とくに定められた記帳方法はなく，現金の収入と支出をもとにして簡単に記帳が行われる。これに対して，複式簿記には一定の記帳方法があり，こんにち，最もすぐれた簿記として広く用いられている。

また，簿記が用いられる業種によっても分類することができる。たとえば，商品売買業では商業簿記が用いられ，製造業では工業簿記，農業では**農業簿記**が用いられる。本書では，複式簿記による農業簿記を学習する。

簿記の前提条件

簿記には，会計単位・会計期間・貨幣金額表示という，三つの前提条件がある。

1) **会計単位**とは，簿記が記録・計算・整理の対象とする範囲をいう。農業簿記では，農業経営に関係する金銭や物品などを記録・計算・整理の対象とする。経営者やその家族が生活の場で使用する金銭や物品などは，家計という別の会計単位に属するので，農業簿記の対象としない。

2) **会計期間**とは，継続して営まれる経営活動を1年間など一定の長さに区切った期間をいう。会計期間の初めを**期首**といい，終わりを**期末**という。なお，個人経営の農業の場合は，1月1日が期首で，12月31日が期末となっている(図1)。

図1　会計期間

3) **貨幣金額表示** とは，さまざまな経営活動を記帳する場合，その共通の尺度として貨幣金額を用いるというものである。したがって，貨幣金額で表示できないもの，たとえば，経営者の知名度や農場の歴史などは，記帳の対象とはならない。

補足　記帳上の注意

1. 記帳にあたり，次のことに注意する。
   ①数字は，アラビア数字を用い，3桁(けた)ごとに「,」(コンマ)をつける。ただし，金額欄に位取りのけい線があるときは，つけない。また，文字はかい書で明りょうに書く。

   ②数字の大きさは行間の $\frac{1}{2}$ くらい，文字の大きさは行間の $\frac{2}{3}$ くらいとし，行線(下の線)に近づけて書く。

2. 文字や数字などの訂正は，次のように行う。なお，いずれも訂正箇所に訂正印を押す。
   ①文字は誤った文字だけを訂正する。数字は1字の誤りでも全部を訂正する。
   ②けい線をまちがえたときは，その誤ったけい線の左右の端に×印をつけて訂正する。

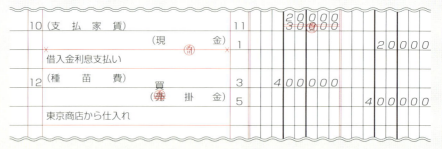

   ③1ページ全部を取り消すときは，ページ全体に斜線を引いて，「このページ抹消」と書く。そのページを切り取ったりはしない。

2 資産・負債・資本と貸借対照表

簿記では，日々の経営活動を資産・負債・資本・収益・費用という五つの要素に分けて記録・計算・整理する。まず，資産・負債・資本について学習しよう。

資　産

農家などの経営体は，経営活動を行うために，現金や預金，田植機などの大農具(機械装置)，土地などの財貨をもっている。また，将来，一定金額を受け取る権利である売掛金や貸付金などの債権ももっている。簿記では，これらの財貨や債権などを **資産** という。おもな資産の種類と内容は，表1のとおりである。

表1　資産の種類と内容

現　　　金	●紙幣や硬貨などの金銭。
売　掛　金	●野菜などの農産物を掛け売り(代金を後日，受け取る約束で売り渡すこと)したとき，その代金を受け取る権利。
大　農　具	●田植機・トラクタ・乾燥装置などの機械装置。
永 年 植 物	●成木になった果樹・茶樹・桑樹などの植物。
土　　　地	●田・畑・樹園地・牧草地などの農地や山林などの土地。

負　債

将来，一定金額を支払わなければならない義務などの債務を **負債** という。おもな負債の種類と内容は，表2のとおりである。

表2　負債の種類と内容

買　掛　金	●種苗・肥料・農薬などの生産資材を掛け仕入れ(代金を後日，支払う約束で仕入れること)したとき，その代金を支払う義務。
借　入　金	●銀行などから借り入れた金銭を，後日，返済しなければならない義務。

資　本

資産の総額から負債の総額を差し引いた額を純資産という。この純資産の額を **資本**❶といい，資産・負債・資本の関係を示した式を **資本等式** という。

$$資産 － 負債 ＝ 資本$$

❶資本にかえて純資産という語をそのまま用いる場合もあるが，本書では資本を用いる。ただし，貸借対照表の表示項目名は，会計法規に従い，純資産を用いることとする。

例1 中央ファームの平成○年1月1日(期首)における資産総額が¥10,000,000，負債総額が¥1,000,000であるとき，資本の額を求めてみよう。

《解答》 資産総額¥10,000,000 － 負債総額¥1,000,000
= 資本の額¥9,000,000

資産・負債・資本の増減と純損益の計算

資産・負債・資本は経営活動によって増加したり，減少したりして，たえず変化する。例1の中央ファームの資産・負債・資本は，1年間の経営活動をとおして日々増減した結果，平成○年12月31日(期末)には，資産総額が¥15,800,000 負債総額が¥2,800,000であったとする。この場合，12月31日における期末資本の額は¥13,000,000となり，期首資本よりも¥4,000,000増加している。

このように，一会計期間の経営活動の結果，期末資本が期首資本よりも増加した場合，その増加額を **当期純利益** という。また，反対に減少した場合，その減少額を **当期純損失**❶という。

したがって，当期純利益または当期純損失は，次のように計算でき，この計算方法を **財産法** という。

期末資本 － 期首資本 ＝ 当期純利益(マイナスの場合は当期純損失)

貸借対照表

農家などの経営体は，一定時点(ふつうは期末)の財政状態を明らかにするために，**貸借対照表**❷を作成する。貸借対照表は例2の解答(図2)に示すとおり，左側には資産の各項目を記入し，右側には負債と資本の各項目を記入する。ただし，資本については，**資本金** と記入する。なお，この場合の資本金の額は，期末資本の¥13,000,000ではなく，期首資本の¥9,000,000であり，当期純利益¥4,000,000とは，分けて記入する。

例2 中央ファームの平成○年12月31日(期末)における資産と負債は，次のとおりであった。貸借対照表を作成してみよう。

現　金	¥1,200,000	売掛金	¥600,000	大農具	¥5,000,000
永年植物	4,000,000	土　地	5,000,000	買掛金	800,000
借入金	2,000,000				

❶当期純利益と当期純損失をまとめて，当期純損益という。

❷バランスシート(Balance Sheet)といい，B/Sとあらわされる。

《解答》

経営体の名称を記入する。　　貸　借　対　照　表　　作成年月日を記入する。

中央ファーム　　　　　　平成○年12月31日

資　産	金　額	負債および純資産	金　額
現　　　　金	1,200,000	買　掛　金	800,000
売　掛　金	600,000	借　入　金	2,000,000
大　農　具	5,000,000	資　本　金	9,000,000
永　年　植　物	4,000,000	当　期　純　利　益	4,000,000
土　　　　地	5,000,000		
	15,800,000		15,800,000

左側には資産の各項目を記入する。

右側には負債の各項目を記入し，次に資本の項目として資本金と当期純利益を記入する。

期首の資本金の額を記入する。

資本金 ¥9,000,000 と当期純利益 ¥4,000,000 を合計すると期末資本 ¥13,000,000 になる。

◆作成上の注意点
①簿記では，左右の一致する合計金額は同じ行に記入し，余白が生じた行には斜線を引く。
②金額を合計するときの線（合計線）は，1本線（単線），合計金額の下の線（締切線）は，2本線（複線）を引く。

図2　貸借対照表のつくりかた

③ 収益・費用と損益計算書

収　益

経営体の経営活動によって，資本が増加する原因となることがらを **収益** という。おもな収益の種類と内容は，表3のとおりである。

表3　収益の種類と内容

売　　上	●野菜などの農産物を生産・販売して得た収益。
受取手数料	●作業委託，オペレータ出役，酪農ヘルパーなどの農業サービスを提供して受け取った手数料。

費　用

経営体の経営活動によって，資本が減少する原因となることがらを **費用** という。おもな費用の種類と内容は，表4のとおりである。

表4　費用の種類と内容

種苗費	●生産のための種や苗の仕入代金。
肥料費	●生産のための肥料の仕入代金。
雇人費	●雇用人の賃金など。
支払利息	●借入金などに対して支払った利息。

> **損益計算書**

収益の総額から費用の総額を差し引いて，当期純利益または当期純損失を求めることができる。この計算法を **損益法**(そんえき) という。

収益 － 費用 ＝ 当期純利益（マイナスの場合は当期純損失）

当期純利益（または当期純損失）は，損益法によって計算しても，財産法によって計算しても，同一の金額となる。
(→p.144)

この損益法に基づいて，農家などの経営体では，1会計期間の経営成績を明らかにするために，**損益計算書**❶を作成する。損益計算書は，次の例3の解答（図3）に示すとおり，左側に費用の各項目を記入し，右側に収益の各項目を記入する。

❶Profit and Loss Statementといい，P/Lとあらわされる。

例3 中央ファームの平成○年1月1日から12月31日までに発生した収益と費用の各項目は，次のとおりである。これをもとに，損益計算書を作成してみよう。

売 上	¥8,000,000	受取手数料	¥ 500,000
種 苗 費	2,500,000	肥 料 費	450,000
雇 人 費	1,500,000	支 払 利 息	50,000

《解答》

損 益 計 算 書

中央ファーム　平成○年1月1日から平成○年12月31日まで

費　　用	金　　額	収　　益	金　　額
種 苗 費	2,500,000	売　上　高	8,000,000
肥 料 費	450,000	受 取 手 数 料	500,000
雇 人 費	1,500,000		
支 払 利 息	50,000		
当 期 純 利 益	4,000,000		
	8,500,000		8,500,000

会計期間を記入。
左側に費用を記入。
右側に収益を記入。
当期純利益は左側の費用の下に記入する。

図3　損益計算書のつくりかた

4 取引と勘定

取　引　簿記では，取引があると，これを一定のルールに従って帳簿に記録(記帳)する。取引によって資産・負債・資本が増減したり，収益・費用が発生したりする。

勘定と勘定科目　取引によって生じた資産・負債・資本の増減や収益・費用の発生については，その内容を明らかにするために，具体的な項目に分けて記録・計算する。この具体的な項目に分けた記録・計算の単位を **勘定** という。

たとえば，資産については，現金・売掛金・大農具などの項目ごとにそれぞれ勘定を設け，増加・減少を記録する。なお，勘定につけた名称を **勘定科目** といい，おもな勘定科目は，次のとおりである。

表5　勘定の分類と勘定科目

		おもな勘定科目
貸借対照表に表示される勘定	資産の勘定	現金・売掛金・大農具・永年植物・土地など
	負債の勘定	買掛金・借入金など
	資本の勘定	資本金など
損益計算書に表示される勘定	収益の勘定	売上・受取手数料など
	費用の勘定	種苗費・肥料費・雇人費・支払利息など

勘定口座　勘定ごとに，それぞれ増加額(または発生額)・減少額を記録し，計算するために設けられた帳簿上の場所を **勘定口座** という。勘定口座の形式には，**標準式** と **残高式** とがある。簿記では，左側を **借方**，右側を **貸方** という。

標準式は，次に示すとおり中央で二分され，借方と貸方が同じ形式になっている。

〔標準式〕　　　　　　　　現　　金

平成○年	摘要	仕丁	借方	平成○年	摘要	仕丁	貸方

1　簿記の基礎　147

残高式は，標準式の各欄のほかに，「借または貸」と「残高」の欄がある。いつでも残高がつかめるため，実務で多く利用されている。

〔残高式〕 現　金

平成○年	摘要	仕丁	借方	貸方	借または貸	残高

勘定口座は，学習の便宜上，標準式を下記のように略式にして用いることが多い。このような勘定口座を **T字形** という。

勘定の記入法　資産・負債・資本の各勘定の記入は，それぞれの勘定が，貸借対照表において，借方・貸方のどちらに表示されるかということに基づいて，決められている。

表6　資産・負債・資本の勘定の記入法

資産の勘定の記入法	資産は貸借対照表の借方に表示されるから，資産の勘定は，増加額を借方に，減少額を貸方に記入する。
負債・資本の勘定の記入法	負債と資本は貸借対照表の貸方に表示されるから，負債と資本の勘定は，増加額を貸方に，減少額を借方に記入する。

なお，各勘定の増加額から減少額を差し引いた残りを残高という。

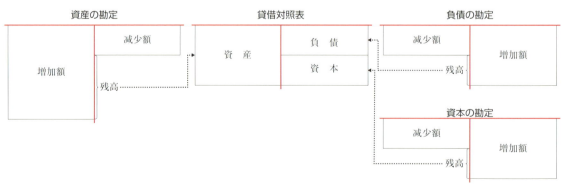

図4　資産・負債・資本の勘定の記入法と貸借対照表との関係

収益・費用の各勘定の記入は，それぞれの勘定が，損益計算書において，借方・貸方のどちら側に表示されるかということに基づいて，決められている。

表7 収益・費用の勘定記入法

収益の勘定の記入法	収益は損益計算書の貸方に表示されるから，収益の勘定は，その発生額を貸方に記入する。
費用の勘定の記入法	費用は損益計算書の借方に表示されるから，費用の勘定は，その発生額を借方に記入する。

図5 収益・費用の勘定の記入法と損益計算書との関係

取引の分解

取引が行われ，資産・負債・資本の増減があったかどうか，あるいは収益・費用の発生があったかどうかは，取引を分解してみるとよい。取引の分解は，取引において「何が原因で，その結果どうなったか」という観点から行う。取引の分解の例を示すと，次のようになる。

例 4月26日 大農具￥800,000を買い入れ，代金は現金で支払った。
　（原因）大農具￥800,000の買い入れ
　　　　　　　　　　　⇒（結果）現金￥800,000の支払い

《分解》
　大農具（資産）￥800,000の増加⇔現金（資産）￥800,000の減少
　取引の分解により，大農具（資産）が￥800,000増加しているので大農具勘定の借方に￥800,000と日付を記入する。また，現金（資産）が￥800,000減少しているので，現金勘定の貸方に￥800,000と日付を記入する。

```
         大 農 具                        現      金
4/26    800,000                    4/26         800,000
```

例4 次の藤岡ファームの取引について，資産・負債・資本の増減や収益・費用の発生が，どのように結びついているか分解してみよう。

- 1月 1 日　藤岡ファームは，現金￥1,000,000を出資(元入れ)して，農業経営を始めた。
- 3月 6 日　大泉資材店から種苗￥90,000を仕入れ，代金は掛けとした。
- 6月10日　利根スーパーにトマト・キュウリなどの野菜￥350,000を売り渡し，代金は掛けとした。
- 6月13日　安中銀行から，現金￥200,000を借り入れ，利息￥5,000を差し引かれ，残額を現金で受け取った。
- 6月17日　大泉資材店に対する買掛金のうち，￥50,000を現金で支払った。
- 8月22日　雇人費￥100,000を現金で支払った。
- 10月15日　利根スーパーから売掛金￥300,000を現金で回収した。
- 11月17日　高崎農場の稲刈り作業を請け負い，その手数料￥50,000を現金で受け取った。
- 12月31日　肥料￥30,000を現金で支払った。

《分解》

- 1/ 1　現金(資産)￥1,000,000の増加⇔資本金(資本)￥1,000,000の増加
- 3/ 6　種苗費(費用)￥90,000の発生⇔買掛金(負債)￥90,000の増加
- 6/10　売掛金(資産)￥350,000の増加⇔売上(収益)￥350,000の発生
- 6/13　現金(資産)￥195,000の増加⇔借入金(負債)￥200,000の増加
  　　　支払利息(費用)￥5,000の発生
- 6/17　買掛金(負債)￥50,000の減少⇔現金(資産)￥50,000の減少
- 8/22　雇人費(費用)￥100,000の発生⇔現金(資産)￥100,000の減少
- 10/15　現金(資産)￥300,000の増加⇔売掛金(資産)￥300,000の減少
- 11/17　現金(資産)￥50,000の増加⇔受取手数料(収益)￥50,000の発生
- 12/31　肥料費(費用)￥30,000の発生⇔現金(資産)￥30,000の減少

取引要素の結合関係

例4における取引の結びつきは，図6のように示すことができる。このように，取引はすべて借方の要素と貸方の要素とが結びついて成り立つ。これを取引要素の結合関係という。

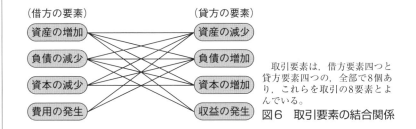

取引要素は，借方要素四つと貸方要素四つの，全部で8個あり，これらを取引の8要素とよんでいる。

図6　取引要素の結合関係

貸借平均の原理

一つの取引を勘定口座に記入する場合，借方に記入した金額と，貸方に記入した金額とは，必ず等しくなる。したがって，すべての勘定の借方に記入した金額の合計と，貸方に記入した金額の合計とは，つねに等しい。これを **貸借平均の原理** という。

5　仕訳と転記

仕　訳

取引が発生すると，これを分解して，各勘定口座に直接記入する方法を学んだ。しかし，この方法では，記入漏れや誤りを生じることがあるため，取引を勘定口座に正確に記入するための準備作業が必要となる。この準備作業を **仕訳** という。仕訳は取引を分解したあと，①どの勘定科目の，②借方・貸方のどちら側に，③金額はいくらであるか，を左右に並べて（借方と貸方に分けて）記入するという手順で行う。

例5　次の取引を分解し，仕訳の手順①〜③に従って仕訳を示してみよう。

　　取引：4月26日　大農具¥800,000を買い入れ，代金は現金で支払った。

《解答》

取引の分解

　　大農具（資産）¥800,000の増加⇔現金（資産）¥800,000の減少
　　①勘定科目は何か。⇒勘定科目は大農具と現金である。

②借方・貸方のどちらか。⇒p.148ページの勘定記入法にしたがい，借方に大農具，貸方に現金がくる。

③金額はいくらか。⇒金額は借方，貸方とも ¥800,000 である。

以上の手順にしたがって，仕訳を行うと次のようになる。

(借)❶大　農　具　800,000　　　　(貸)❷現　　　金　800,000

❶,❷(借)(貸)は，借方・貸方を略したものである。

転　記

取引を仕訳したあと，この仕訳に基づいて勘定口座に記入する。この勘定口座への記入手続きを**転記**という。転記は，次のように行う。

①仕訳の借方の勘定科目については，その勘定口座の借方に，日付と金額を記入する。

②次に，仕訳の貸方の勘定科目については，その勘定口座の貸方に，日付と金額を記入する。

例5の取引の仕訳は，次のように転記する。

転記

例6　例4の藤岡ファームの取引を仕訳し，勘定に転記してみよう。

《解答》

仕訳

1/ 1	(借)現　　　金	1,000,000	(貸)資　本　金	1,000,000
3/ 6	(借)種　苗　費	90,000	(貸)買　掛　金	90,000
6/10	(借)売　掛　金	350,000	(貸)売　　　上❸	350,000
13	(借)現　　　金	195,000	(貸)借　入　金	200,000
	支 払 利 息	5,000		
17	(借)買　掛　金	50,000	(貸)現　　　金	50,000
8/22	(借)雇　人　費	100,000	(貸)現　　　金	100,000
10/15	(借)現　　　金	300,000	(貸)売　掛　金	300,000
11/17	(借)現　　　金	50,000	(貸)受取手数料	50,000
12/31	(借)肥　料　費	30,000	(貸)現　　　金	30,000

❸売り渡した農産物の種類をつけて，野菜売上勘定を用いてもよい。

転記

現　　金			
1/ 1	1,000,000	6/17	50,000
6/13	195,000	8/22	100,000
10/15	300,000	12/31	30,000
11/17	50,000		

売　掛　金			
6/10	350,000	10/15	300,000

買　掛　金			
6/17	50,000	3/6	90,000

借　入　金			
		6/13	200,000

資　本　金			
		1/1	1,000,000

売　　上			
		6/10	350,000

受取手数料			
		11/17	50,000

種　苗　費			
3/6	90,000		

雇　人　費			
8/22	100,000		

肥　料　費			
12/31	30,000		

支　払　利　息			
6/13	5,000		

6　仕訳帳と総勘定元帳

仕訳帳と総勘定元帳　取引が発生すると，仕訳をして勘定口座に転記する。この仕訳を記入する帳簿を **仕訳帳** という。また，勘定口座のすべてを集めた帳簿を **総勘定元帳**，または，たんに **元帳** という。この二つの帳簿は，すべての取引が記入される重要な帳簿なので，**主要簿** とよばれる。

仕訳帳の記入法　仕訳帳は，次のように記入する。

1) **日付欄**　取引が発生した年月日を記入する。
2) **摘要欄**　左側に借方の勘定科目を，右側に1行ずらして貸方の勘定科目を記入する。勘定科目には（　）をつける。勘定科目を記入した次の行に，取引の内容を簡単に記入する。これを **小書き** という。
3) **借方欄**　借方の勘定科目と同じ行に，借方の金額を記入する。
4) **貸方欄**　貸方の勘定科目と同じ行に，貸方の金額を記入する。
5) **元丁欄**　仕訳を勘定口座に転記したあと，転記先の勘定口座の番号，または，ページ数を記入する。

前ページの1)〜5)の記入法に従って仕訳帳の記入例を示すと，図7・図8のようになる。

仕訳帳 1

平成○年		摘要	元丁	借方	貸方
11	29	諸口　　　　　諸口			
		（現　　金）		500,000	
		（大　農　具）		600,000	
		（土　　地）		1,000,000	
		（借　入　金）			800,000
		（資　本　金）			1,300,000
		農業経営を開始			
12	8	（種　苗　費）　諸口		300,000	
		（現　　金）			200,000
		（買　掛　金）			100,000
		太田資材店から種苗仕入れ			
	〃	（現　　金）		700,000	
		（売　　上）			700,000
		荒川スーパーへ野菜売り渡し			
		次ページへ		3,100,000	3,100,000

図7　仕訳帳の記入法──Ⅰ
1) 小書きの文字の大きさは，勘定科目より小さめに，行間の$\frac{1}{2}$くらいにする。
2) 借方科目が二つ以上で，貸方科目が一つのときは，上下逆にする。
3) 余白の斜線がある場合には，摘要欄まで伸ばし，斜線とつなげる。

仕訳帳 2

平成○年		摘要	元丁	借方	貸方
		前ページから		3,100,000	3,100,000
12	30	諸口　　　　（現　金）			310,000
		（借　入　金）		300,000	
		（支　払　利　息）		10,000	
		中之条銀行へ借入金および利息支払い			
				6,150,000	6,150,000

図8　仕訳帳の記入法──Ⅱ

総勘定元帳の記入法

1) **日付欄** 仕訳帳に記入されている年月日を転記する。
2) **借方欄・貸方欄** 仕訳帳の該当金額を転記する。
3) **摘要欄** 仕訳の相手勘定科目を記入する❶。
4) **仕丁欄** 仕訳が記入されている仕訳帳のページ数を転記する。

❶相手勘定科目が二つ以上ある場合には,「諸口」と記入する。

総 勘 定 元 帳

現　金　　　　　　　　　　　　1

平成○年		摘　要	仕丁	借　方	平成○年		摘　要	仕丁	貸　方
11	29	諸　　口	1	500,000	12	8	種　苗　費	1	200,000
12	8	売　　上	〃	700,000		30	諸　　口	2	310,000

次に, 12月8日の売上取引の仕訳を, 仕訳帳から総勘定元帳に転記してみる❷。(→p.154図7)

❷以下の説明の丸数字①〜⑩は, 図9のなかの丸数字と一致している。

① 仕訳帳の借方科目が現金なので,現金勘定の借方の日付欄に,仕訳帳の日付を転記する。

② 仕訳帳の借方科目が現金なので,現金勘定の借方欄に,金額¥700,000を転記する。

③ 現金勘定の摘要欄に,仕訳帳の現金勘定の相手(貸方)勘定科目「売上」を記入する。

④ 現金勘定の仕丁欄に,仕訳帳のページ数1(この場合は,上と同じ「〃」)を記入する。

⑤ 仕訳帳の元丁欄に,現金勘定の口座番号1を記入する。

⑥ 仕訳帳の貸方科目が売上なので,売上勘定の貸方の日付欄に,仕訳帳の日付を転記する。

⑦ 仕訳帳の貸方科目が売上なので,売上勘定の貸方欄に,金額¥700,000を転記する。

⑧ 売上勘定の摘要欄に,仕訳帳の売上勘定の相手(借方)勘定科目「現金」を記入する。

⑨ 売上勘定の仕丁欄に,仕訳帳のページ数1を記入する。

⑩ 仕訳帳の元丁欄に,売上勘定の口座番号8を記入する。

残高式の現金勘定と売上勘定の転記を図10に示す。

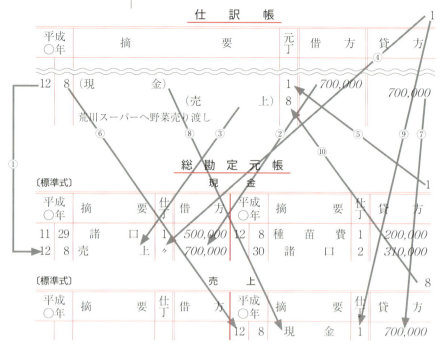

図９　仕訳帳から総勘定元帳（標準式）への転記の順序

〔残高式〕　現　金　1

平成○年		摘　要	仕丁	借　方	貸　方	借または貸	残　高
11	29	諸　口	1	500,000		借	500,000
12	8	種　苗　費	〃		200,000	〃	300,000
	〃	売　上	〃	700,000		〃	1,000,000

残高
500,000－200,000

〔残高式〕　売　上　8

平成○年		摘　要	仕丁	借　方	貸　方	借または貸	残　高
12	8	現　金	1		700,000	貸	700,000

図１０　残高式の現金勘定と売上勘定

借方に記入された金額の合計を **借方合計**，貸方に記入された金額の合計を **貸方合計** という。借方合計と貸方合計の差額を **残高** という。借方合計のほうが貸方合計よりも大きい場合は **借方残高** となり，逆の場合は **貸方残高** となる。借方残高の場合は，「借または貸」欄に「借」と記入し，残高欄に借方残高の金額を記入する。

仕訳帳と総勘定元帳の役割

仕訳帳は，すべての取引が発生順に記入されるので，経営活動の時系列的な記録をつくる役割を果たす。また，仕訳帳から勘定口座へ転記するので，取引と勘定口座をつなぐ役割もある。

総勘定元帳は，ふつう，資産・負債・資本・収益・費用の順に勘定口座を開設し，勘定ごとに金額の増減を記録し，計算する。そのため，勘定の増減や発生の状況を明らかにする役割を果たす。また，勘定を一会計期間ごとに整理することにより，損益計算書や貸借対照表を作成するさいの資料となる役割もある。

7 試算表

仕訳帳から総勘定元帳への転記が，正しく行われたかどうかを確かめるために作成する表を **試算表** という。

試算表の種類と作成法 試算表には，金額の集計のしかたによって，**合計試算表・残高試算表・合計残高試算表** の3種類がある。

① 合計試算表は，総勘定元帳の勘定ごとに計算した借方合計金額と貸方合計金額を集計して作成する。

② 残高試算表は，総勘定元帳の各勘定の残高を集めて作成する。

③ 合計残高試算表は，合計試算表と残高試算表を一表にまとめたもので，作成は上記①②に準じて行う。

例7 藤岡ファームの次の総勘定元帳の勘定記録によって，合計試算表・残高試算表・合計残高試算表を作成してみよう。

	現　　金　　　　　　1		売　掛　金　　　　　2
1/ 1 資本金 1,000,000　6/17 買掛金 50,000		6/10 売　上 350,000　10/15 現　金 300,000	
6/13 借入金 195,000　8/22 雇人費 100,000			
10/15 売掛金 300,000　12/31 肥料費 30,000		買　掛　金　　　　　3	
11/17 受取手数料 50,000		6/17 現　金 50,000　3/ 6 種苗費 90,000	

	借　入　金　　　　　4		資　本　金　　　　　5
6/13 諸　口 200,000		1/ 1 現　金 1,000,000	

	売　　上　　　　　　6		受取手数料　　　　　7
6/10 売掛金 350,000		11/17 現　金 50,000	

	種　苗　費　　　　　8		雇　人　費　　　　　9
3/ 6 買掛金 90,000		8/22 現　金 100,000	

	肥　料　費　　　　10		支　払　利　息　　　11
12/31 現　金 30,000		6/13 借入金 5,000	

《解答》

合　計　試　算　表

平成○年12月31日

借　方	元丁	勘　定　科　目	貸　方
1,545,000	1	現　　　　　　金	180,000
350,000	2	売　　掛　　金	300,000
50,000	3	買　　掛　　金	90,000
	4	借　　入　　金	200,000
	5	資　　本　　金	1,000,000
	6	売　　　　　上	350,000
	7	受　取　手　数　料	50,000
90,000	8	種　　苗　　費	
100,000	9	雇　　人　　費	
30,000	10	肥　　料　　費	
5,000	11	支　払　利　息	
2,170,000			2,170,000

- 勘定口座の番号またはページ数を記入する。
- 勘定口座の番号順に勘定科目を記入する。
- 勘定の金額を集計した時点を示すため，日付を記入する。
- 各勘定口座ごとに計算した合計額を記入する。
- 一致

図11　合計試算表の作成法

残　高　試　算　表

平成○年12月31日

借　方	元丁	勘　定　科　目	貸　方
1,365,000	1	現　　　　　　金	
50,000	2	売　　掛　　金	
	3	買　　掛　　金	40,000
	4	借　　入　　金	200,000
	5	資　　本　　金	1,000,000
	6	売　　　　　上	350,000
	7	受　取　手　数　料	50,000
90,000	8	種　　苗　　費	
100,000	9	雇　　人　　費	
30,000	10	肥　　料　　費	
5,000	11	支　払　利　息	
1,640,000			1,640,000

- 現金勘定の残高を記入する。
- 一致

図12　残高試算表の作成法

合 計 残 高 試 算 表
平成○年12月31日

借方		元丁	勘定科目	貸方	
残高	合計			合計	残高
1,365,000	1,545,000	1	現　　　　金	180,000	
50,000	350,000	2	売　掛　　金	300,000	
	50,000	3	買　掛　　金	90,000	40,000
		4	借　入　　金	200,000	200,000
		5	資　本　　金	1,000,000	1,000,000
		6	売　　　　上	350,000	350,000
		7	受取手数料	50,000	50,000
90,000	90,000	8	種　苗　　費		
100,000	100,000	9	雇　人　　費		
30,000	30,000	10	肥　料　　費		
5,000	5,000	11	支　払利息		
1,640,000	2,170,000			2,170,000	1,640,000

一致

図13　合計残高試算表の作成法

補足　簿記で用いられる記号

簿記では，記帳を簡単に，しかも，明りょうに示すために，次の記号を用いることがある。

￥	円	(例)￥100(100円)
#	ナンバー	第○号
@￥	単価	1つあたりの金額
〃	(ディットーマーク)	同上(上に同じ)
✓	(チェックマーク)	照合済み，転記不要などのマーク

8 精算表

精算表とは

残高試算表から，損益計算書と貸借対照表を作成する手続きを，一つの表にまとめて示した計算表を，**精算表**（せいさんひょう）という。精算表によって，一会計期間の経営成績や，期末における財政状態を容易に知ることができるので，次の⑨項「決算―その1」（→p.162）で学ぶ決算のあらましを，まえもって知りたい場合などに作成する。

精算表のうち，下記のように金額欄を六つもった形式の精算表を**6桁（けた）精算表**という。

精　算　表
平成○年○月○日

勘定科目	残高試算表		損益計算書		貸借対照表	
	借方	貸方	借方	貸方	借方	貸方
	1桁	2桁	3桁	4桁	5桁	6桁

図14　6桁精算表

精算表の作成法

精算表は，残高試算表に基づいて，次の手順に従って作成する。

手順1 総勘定元帳の各勘定の残高を記入する。
残高試算表の借方・貸方の各合計額が一致することを確認して締め切る。

手順2 資産の勘定は貸借対照表欄の借方に，負債・資本の勘定は，貸借対照表欄の貸方に書き移す。

精　算　表
平成○年○月○日

勘定科目	残高試算表		損益計算書		貸借対照表	
	借方	貸方	借方	貸方	借方	貸方
資産の勘定	450				→ 450	
負債の勘定		130				→ 130
資本の勘定		300				→ 300
収益の勘定		70		→ 70		
費用の勘定	50		→ 50			
当期純利益			20	←（一致する）→		20
	500	500	70	70	450	450

手順5 貸借対照表欄の合計額を計算して，その差額を，金額の少ない側に記入する。
損益計算書の差額とは貸借反対に生じ，同一金額となることを確認して締め切る。

手順3 収益の勘定は損益計算書欄の貸方に，費用の勘定は，損益計算書欄の借方に書き移す。

手順4 損益計算書欄の合計額を計算して，その差額を，金額の少ない側に記入する。差額の記入が，借方であれば当期純利益，貸方であれば当期純損失となる。

図15　精算表の作成手順

図15の手順1〜5にしたがって，例7(p.157)の藤岡ファームの精算表を作成すると，次のようになる。

精 算 表

平成○年12月31日

勘定科目	残高試算表 借方	残高試算表 貸方	損益計算書 借方	損益計算書 貸方	貸借対照表 借方	貸借対照表 貸方
現　　　金	1,365,000				1,365,000	
売　掛　金	50,000				50,000	
買　掛　金		40,000				40,000
借　入　金		200,000				200,000
資　本　金		1,000,000				1,000,000
売　　　上		350,000		350,000		
受取手数料		50,000		50,000		
種　苗　費	90,000		90,000			
雇　人　費	100,000		100,000			
肥　料　費	30,000		30,000			
支払利息	5,000		5,000			
当期純利益			175,000			175,000
	1,640,000	1,640,000	400,000	400,000	1,415,000	1,415,000

精算表のしくみ　精算表を残高試算表・損益計算書・貸借対照表に分解した図で示すと，図16のようになる。

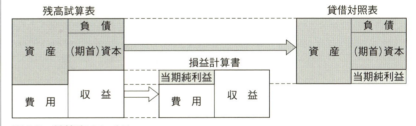

図16　精算表のしくみ

図16をもとに残高試算表を等式で示すと，次のようになる。これを **試算表等式** という。

　　資　産 ＋ 費　用 ＝ 負　債 ＋ (期首)資本 ＋ 収　益　………(1)

資産と負債は，期末の金額であり，資本は，当期純利益が加算されていないので，期首資本の金額である。

(1)式の資産・負債・資本を左辺に，収益・費用を右辺に集めると，次のようになる。

　　資　産 － 負　債 － (期首)資本 ＝ 収　益 － 費　用　………(2)

(2)式の左辺と右辺から，次のように，それぞれ当期純利益(または当期純損失)を求めることができる。

(2)式の左辺から　資産 − 負債 − 期首資本 ＝ 当期純利益(または当期純損失)
　　　　　　　　└─期末資本─┘
(2)式の右辺から　収益 − 費用 ＝ 当期純利益(または当期純損失)

複式簿記では，上のように二つの方法で計算された当期純損益の額が一致することによって，計算が正しいことを確かめることができる。これが複式簿記のすぐれた特徴である。

⑨ 決算──その1

簿記では，日々の取引を仕訳帳に記入し，総勘定元帳に転記して，各勘定の増減や発生を記録・計算する。これが，財産管理を中心とした簿記の日常の手続きである。しかし，これだけでは，会計期間ごとの経営成績や期末の財政状態を明らかにすることはできない。

そこで，期末に総勘定元帳などの記録を整理して，帳簿を締め切り，損益計算書と貸借対照表を作成する。この一連の手続きを**決算**といい，決算を行う日を**決算日**という。

決算は，決算の予備手続き，決算の本手続きの順序で行い，最後に決算の報告を行う(図17)。

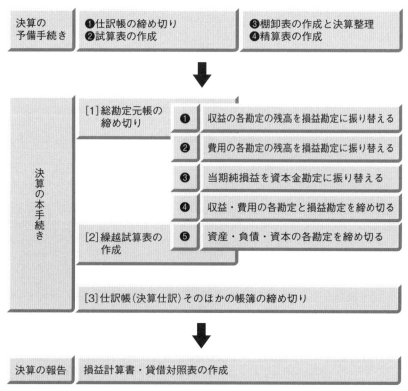

図17　決算の手続き

決算の本手続き

決算の本手続きは，[1] 総勘定元帳の締め切り→[2] 繰越試算表の作成→[3] 仕訳帳（決算仕訳）の締め切り，という順序で行う。

総勘定元帳の締め切りでは，①収益の各勘定の残高を損益勘定の貸方に振り替える，②費用の各勘定の残高を損益勘定の借方に振り替える，③当期純損益を資本金勘定に振り替えるなど，**振替**（ふりかえ）という手続きが多く行われる。振替とは，ある勘定口座の金額を他の勘定口座に移すことである。振替も，仕訳と転記に基づいて行い，この仕訳をとくに**振替仕訳**という。なお，この振替仕訳は，決算整理仕訳（→p.187）とともに**決算仕訳**とよばれる。

決算本手続きは，総勘定元帳などの帳簿を締め切る手続きが中心となるので，**帳簿決算**ともいう。

総勘定元帳の締め切り

総勘定元帳の締め切りは，図17に示すように，初めに①→②→③→④の順序で，収益・費用の各勘定について行う。次に⑤で，資産・負債・資本の各勘定について行う。

損益勘定のように，二つ以上の勘定残高を集めて記入する勘定を**集合勘定**という。集合勘定では，記入されている金額の内容を明らかにするために，次ページの損益勘定のように，相手科目と金額を個別に記入することになっている。

以下，例7に示した藤岡ファームの例をもとに決算本手続きを行ってみよう。

① 収益の各勘定の残高を損益勘定の貸方に振り替える

収益の各勘定の残高をゼロにするため，収益の各勘定の借方に金額を記入するとともに，損益勘定の貸方にも金額を記入する。

〈振替仕訳〉

12/31 （借）売　　　　上　　350,000　　（貸）損　　　　益　　400,000
　　　　　　受取手数料　　 50,000

〈転　記〉

	売　　上			6
12/31 損　益 350,000	6/10 売掛金 350,000			

	受取手数料			7
12/31 損　益 50,000	11/17 現　金 50,000			

	損　　益			12
	12/31 売　　上 350,000			
	〃　 受取手数料 50,000			

② 費用の各勘定の残高を損益勘定の借方に振り替える

　費用の各勘定の残高をゼロにするため、費用の各勘定の貸方に金額を記入するとともに、損益勘定の借方にも金額を記入する。

〈振替仕訳〉

12/31 （借）損　　　　益　　225,000　　（貸）種　苗　費　　 90,000
　　　　　　　　　　　　　　　　　　　　　雇　人　費　　100,000
　　　　　　　　　　　　　　　　　　　　　肥　料　費　　 30,000
　　　　　　　　　　　　　　　　　　　　　支 払 利 息　　 5,000

〈転　記〉

	種 苗 費			8
3/ 6 現　金 90,000	12/31 損　益 90,000			

	雇 人 費			9
8/22 現　金 100,000	12/31 損　益 100,000			

	肥 料 費			10
12/31 現　金 30,000	12/31 損　益 30,000			

	支 払 利 息			11
6/13 借入金 5,000	12/31 損　益 5,000			

	損　　益			12
12/31 種 苗 費 90,000	12/31 売　　上 350,000			
〃　 雇 人 費 100,000	〃　 受取手数料 50,000			
〃　 肥 料 費 30,000				
〃　 支払利息 5,000				

③ 当期純利益を資本金勘定に振り替える

損益勘定の貸方の収益総額と借方の費用総額の差額は，当期純利益となる[1]。当期純利益を資本金勘定に振り替えるには，損益勘定の貸方残高をゼロにするため，損益勘定の借方に金額を記入するとともに，資本が増加するので，資本金勘定の貸方に金額を記入する。

[1] 差額がマイナスの場合は当期純損失となる。

〈振替仕訳〉

12/31 （借）損　　益　175,000　（貸）資　本　金　175,000

〈転　記〉

```
              損        益                    12
12/31  種苗費   90,000  │ 12/31  売    上   350,000
  〃   雇人費  100,000  │   〃   受取手数料 50,000
  〃   肥料費   30,000  │
  〃   支払利息  5,000  │
  〃   資本金  175,000  │
```

```
              資  本  金                     5
                        │  1/ 1  現    金  1,000,000
                        │ 12/31  損    益    175,000
```

④ 収益・費用の各勘定と損益勘定を締め切る

以上の手続きにより，収益・費用の各勘定と損益勘定は，借方と貸方の合計額が一致する。そこで，これらの勘定を締め切る。

仕　訳　帳

平成○年		摘　　要	元丁	借　方	貸　方
		決　算　仕　訳			
12	31	諸　　口　（損　益）	12		400,000
		（売　　上）	6	350,000	
		（受取手数料）	7	50,000	
		収益を損益勘定に振替			
	〃	（損　益）　諸　　口	12	225,000	
		（種　苗　費）	8		90,000
		（雇　人　費）	9		100,000
		（肥　料　費）	10		30,000
		（支　払　利　息）	11		5,000
		費用を損益勘定に振替			
	〃	（損　益）	12	175,000	
		（資　本　金）	5		175,000
		当期純利益を資本金勘定に振替			
				800,000	800,000

決算仕訳は，新しいページの1行目に「決算仕訳」と明記する。

一致を確認

図18　決算仕訳の仕訳帳記入法

1　簿記の基礎　165

例7に示した藤岡ファームの例で，決算仕訳を仕訳帳に記入する方法を示すと前ページの図18のようになる。また，収益と費用の勘定，および損益勘定を締め切ると，図19のようになる。

総　勘　定　元　帳

	売　　　　上			6
12/31 損　　　　益	350,000	6/10 売　掛　金	350,000	

借方・貸方ともに1行の記入しかない場合，その1行に記入されている金額が合計額となるので，合計額を記入する必要はない。そのまま，締め切る。

	受取手数料			7
12/31 損　　益	50,000	11/17 現　　　　金	50,000	

	種　苗　費			8
3/ 6 現　　　　金	90,000	12/31 損　　　　益	90,000	

	雇　人　費			9
8/22 現　　　　金	100,000	12/31 損　　　　益	100,000	

	肥　料　費			10
12/31 現　　　　金	30,000	12/31 損　　　　益	30,000	

	支　払　利　息			11
6/13 借　入　金	5,000	12/31 損　　　　益	5,000	

	損　　　　益			12
12/31 種　苗　費	90,000	12/31 売　　　　上	350,000
〃　 雇　人　費	100,000	〃　 受取手数料	50,000
〃　 肥　料　費	30,000		
〃　 支　払　利　息	5,000		
〃　 資　本　金	175,000		
	400,000		400,000

図19　収益・費用・損益の締め切り

⑤　資産・負債・資本の各勘定を締め切る

　資産・負債・資本の各勘定には，ふつう，残高が生じているので，次のように締め切る。

1）資産の各勘定の締め切り

　例7に示した藤岡ファームの現金勘定の例で，資産の勘定を締め切る方法を示すと，図20のようになる。

　資産の各勘定は，貸方の合計額よりも借方の合計額が大きく，借方残高になる。そこで，貸借合計額を一致させるため，貸方に繰越記入を行う。

　次に，貸借合計額を計算し，等しいことを確認したうえで，勘定口座を締め切る。さらに，借方に開始記入を行う。

総 勘 定 元 帳

現　金　　　　　　　　　　　　　1

1/ 1	資　本　金	1,000,000	6/17	買　掛　金	50,000
6/13	借　入　金	195,000	8/22	雇　人　費	100,000
10/15	売　掛　金	300,000	12/31	肥　料　費	30,000
11/17	受取手数料	50,000	〃	次　期　繰　越	1,365,000
		1,545,000			1,545,000
1/ 1	前　期　繰　越	1,365,000			

開始記入
次期繰越と同じ金額を記入する。

次期の最初の日付（決算日の翌日）。

決算日

繰越記入
借方合計額 ¥ 1,545,000, 貸方合計額 ¥ 180,000 の差額は, 借方残高 ¥ 1,365,000 となる。そこで, 借方残高と同じ金額を貸方の金額欄に記入する。また, 黒で記入してもよい。

図20　資産の勘定の締め切り

2）負債の各勘定と資本金勘定の締め切り

　負債・資本の各勘定は，借方合計額よりも貸方合計額が大きく，貸方残高になる。そこで，貸借合計額を一致させるため，借方に繰越記入を行って，締め切る。さらに，貸方に開始記入を行う。

総 勘 定 元 帳

買　掛　金　　　　　　　　　　　3

6/17	現　　　金	50,000	3/ 6	種　苗　費	90,000
31	次　期　繰　越	① 40,000			
		90,000			90,000
			1/ 1	前　期　繰　越	40,000

借　入　金　　　　　　　　　　　4

12/31	次　期　繰　越	② 200,000	6/13	諸　　　口	200,000
			1/ 1	前　期　繰　越	200,000

資　本　金　　　　　　　　　　　5

12/31	次　期　繰　越	③ 1,175,000	1/ 1	現　　　金	1,000,000
			12/31	損　　　益	175,000
		1,175,000			1,175,000
			1/ 1	前　期　繰　越	1,175,000

注．①，②，③は，p.168図22の「繰越試算表」の①′，②′，③′と対応する。
図21　負債・資本の各勘定の締め切り

繰越試算表の作成　資産・負債の各勘定と資本金勘定の締め切り後，繰越記入が正しく行われたかどうかを確かめるため，決算日の資産・負債の各勘定と，資本金勘定の次期繰越高を集めて，**繰越試算表**を作成する。

繰 越 試 算 表

平成○年12月31日

借 方	元丁	勘 定 科 目	貸 方
1,365,000	1	現　　　　　金	
50,000	2	売　　掛　　金	
	3	買　　掛　　金	40,000 ①′
	4	借　　入　　金	200,000 ②′
	5	資　　本　　金	1,175,000 ③′
1,415,000		一致する。	1,415,000

図22　繰越試算表の作成

仕訳帳の締め切りと開始記入

仕訳帳は，日常取引の記入がおわったさいにいったん締め切るが，さらに，決算仕訳が終了したときにも，仕訳帳は締め切る。そして，次期の最初の日付で，図23のように繰越試算表の合計額で開始記入を行う❶。

❶この記入により，次期に作成する合計試算表の合計額と仕訳帳の合計額とが一致することになる。

仕　訳　帳

平成○年		摘　　　要	元丁	借　方	貸　方
1	1	前　期　繰　越　高	✓	1,415,000	1,415,000

仕訳ではないので，貸借同じ行に記入する。

元帳に転記しないので「✓」を記入する。

図23　仕訳帳の開始記入

決算の報告

決算本手続きに続いて，最後に，決算の報告として，損益計算書と貸借対照表を作成する。

■**損益計算書の作成**　総勘定元帳の収益・費用の各勘定や損益勘定などに基づいて作成する。例7での藤岡ファームの例をもとに，損益計算書を作成する（図24）。損益勘定では，当期純損益が資本金と記入されているが，損益計算書では当期純利益❷と表示する。

❷または，当期純損失。

■**貸借対照表の作成**　資産・負債・資本の各勘定残高（次期繰越高）や繰越試算表に基づいて作成する（図25）。

　貸借対照表では，資本金勘定などに基づいて，期末資本の金額を期首資本と，当期純利益または当期純損失とに分けて表示する。

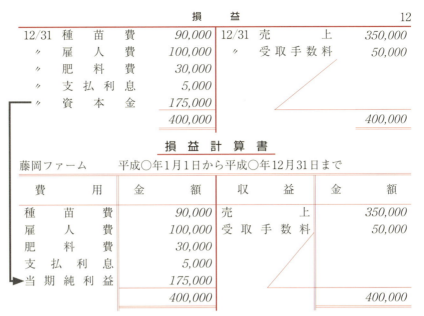

図24 損益計算書の作成法

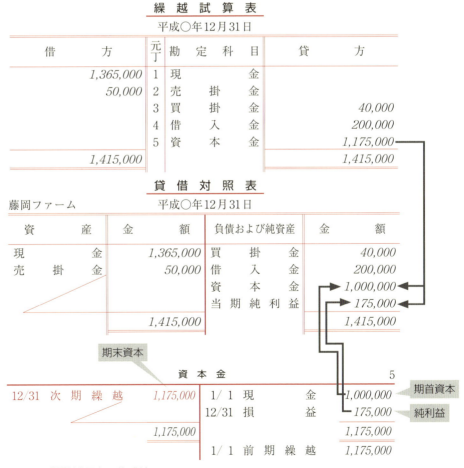

図25 貸借対照表の作成法

1 簿記の基礎

2 各種取引の記帳と決算

目標
- 農業経営における各種の取引の記帳法を理解する。
- 決算整理を含んだ決算手続きを理解する。
- 伝票を用いた処理方法を理解する。

1 現金・預金

現金

簿記で現金として扱われるものには、通貨のほかに、いつでも現金にかえることのできる他人振り出しの小切手や送金小切手❶などがある。

❶銀行が送金依頼者から現金を受け取り、送金地にある銀行を支払人として振り出す小切手のことをいう。

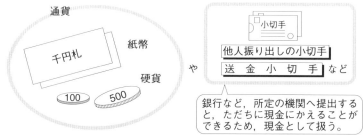

図1　簿記において現金として扱われるもの

簿記で現金として扱われるものを受け取ったときは**現金勘定**(資産)の借方に、支払ったときには貸方に記入する。

例1 次の取引の仕訳を示してみよう。

3月2日　新田スーパーから、売掛金￥50,000を同店振り出しの小切手で受け取った。

17日　東京の世田谷区へ市民農園として農地の一部を貸し出し、地代￥6,000を送金小切手で受け取った。

31日　高崎資材店から肥料￥100,000を仕入れ、代金は現金で支払った。

《仕訳》

3/2	(借)現　　　金	50,000	(貸)売　掛　金	50,000
17	(借)現　　　金	6,000	(貸)受取地代	6,000
31	(借)肥　料　費	100,000	(貸)現　　　金	100,000

現金出納帳

現金の収入・支出の取引は，仕訳帳に記入し，総勘定元帳の現金勘定へ転記するほか，その明細を **現金出納帳** に記入する。このように，補助的な明細記録を行う帳簿を **補助簿** という❶。例1をもとに，現金出納帳の記入を示すと，図2のとおりである。

❶補助簿はふつう月末に締め切る。

現 金 出 納 帳　　　　　　　　　　　　　　1

平成○年		摘　要	収　入	支　出	残　高
3	1	前月繰越	200,000		200,000
	2	新田スーパーから売掛金回収，小切手受け取り。	50,000		250,000
	17	世田谷区から市民農園地代を，送金小切手で受け取り。	6,000		256,000
	31	高崎資材店から肥料を仕入れ，現金で支払い。		100,000	156,000
	〃	次月繰越		156,000	
			256,000	256,000	
4	1	前月繰越	156,000		156,000

現　金

1/1 前期繰越	200,000	3/31 肥　料　費	100,000
3/2 売　掛　金	50,000		
17 受 取 地 代	6,000		
借方残高	156,000		

図2　現金出納帳の記入法

現金出納帳の残高は，現金勘定残高とつねに一致するので，両者を照合することによって，記帳に誤りがないかを確認できる。

当座預金

当座預金は，銀行や農協などとの，当座取引契約に基づいて預ける無利息の預金である。取引銀行などに預金を預け入れ，当座預金口座を開設すると，小切手帳が交付される。小切手用紙に必要事項を記入して発行することを小切手の振り出しという。たとえば，利根農場が高崎資材店から種苗¥70,000を仕入れ，代金は小切手を振り出して支払ったときの取引は，図3のようになる。

図3　当座預金と小切手

❶水道料金や光熱費などの自動振替も，預金の引き出しである。

現金などを当座預金口座に預け入れたときは**当座預金勘定**(資産)の借方に記入し，小切手の振り出しによって預金を引き出した❶ときは，貸方に記入する。

当 座 預 金

前期繰越	引出高
預入高 (通貨，他人振り出しの小切手の預け入れ，銀行振り込みなど)	(小切手振出高など)
	次期繰越(預金の現在高)

例2 次の取引の仕訳を示してみよう。

5月1日　利根農場は，富岡銀行と当座取引契約を結び，現金¥300,000を預け入れた。

　5日　高崎資材店から種苗¥70,000を仕入れ，代金は，小切手#1を振り出して支払った。

　10日　新田スーパーに対する売掛金¥20,000を，同店振り出しの小切手で受け取り，ただちに当座預金に預け入れた。

《仕訳》

5/ 1　(借)当座預金　300,000　　(貸)現　　金　300,000
　 5　(借)種 苗 費　 70,000　　(貸)当座預金　 70,000
　10　(借)当座預金　 20,000　　(貸)売 掛 金　 20,000

■**当座預金出納帳**　当座預金の預け入れと引き出しの明細を，取引銀行別に記録する補助簿として**当座預金出納帳**がある。例2をもとに，当座預金出納帳の記入を示すと，次のとおりである。

当 座 預 金 出 納 帳
富 岡 銀 行　　　　　　　　　　1

平成〇年		摘　　　　要		預　　入	引　　出	借または貸	残　　高
5	1	現金を預け入れ		300,000		借	300,000
	5	高崎資材店から種苗仕入れ	小切手#1		70,000	〃	230,000
	10	新田スーパーから売掛金回収		20,000		〃	250,000
	31	次月繰越			250,000		
				320,000	320,000		
6	1	前月繰越		250,000		借	250,000

なお当座預金以外の普通預金・定期預金・農協貯金などについては，それぞれの預貯金の種類ごとに勘定を設け記帳する。

2 棚卸資産

農業における**棚卸資産**は，野菜や米，牛や豚などの農畜産物と種子・肥料・飼料のような生産資材などである。棚卸資産については，期末に**実地棚卸**を行って実際有高を調査する。

未販売農産物勘定　収穫は終わっているが，期末にまだ販売されずに在庫として保有している農産物は，収穫までに要した費用（取得原価）で評価して**未販売農産物勘定**（資産）に計上する。また，翌期首には，前期末に行った仕訳の貸借を反対に行う再振替仕訳を行う。

例3　次の取引の仕訳をしてみよう。

平成○1年12月31日　実地棚卸の結果，期末に収穫済みのダイズ¥200,000が未販売であった。このダイズの収穫までに要した費用は，次のとおりである。

　　種苗費¥50,000　肥料費¥120,000　農薬費¥30,000

平成○2年1月1日　再振替仕訳を行った。

《仕訳》　平成○1年12月31日

　　（借）未販売農産物　200,000　　（貸）種　苗　費　　50,000
　　　　　　　　　　　　　　　　　　　　肥　料　費　 120,000
　　　　　　　　　　　　　　　　　　　　農　薬　費　　30,000

　　　　平成○2年1月1日

　　（借）種　苗　費　　50,000　　（貸）未販売農産物　200,000
　　　　　肥　料　費　 120,000
　　　　　農　薬　費　　30,000

未収穫作物勘定　単年生の作物で，期末に圃場や温室で収穫されずに栽培中の農産物は，当期末までに要した費用（取得原価）で評価して，**未収穫作物勘定**（資産）に計上する。また，翌期首には再振替仕訳を行う。

補足　**収穫基準**

未販売農産物について，収穫時に時価（庭先価格）で評価して，その期の収益に計上する収穫基準という方法もある。この場合，期末に未販売農産物を計上する仕訳は必要ない。しかし，この方法は簡便法であるので，例3で学んだ処理をすることが望ましい。

例4 次の取引の仕訳をしてみよう。

平成○1年12月31日　実地棚卸の結果，期末に秋まきコムギ¥300,000が栽培中であり，未収穫であった。この秋まきコムギの期末までに要した費用は，次のとおりである。

　種苗費　¥50,000　　肥料費　¥160,000　　農薬費　¥90,000

平成○2年1月1日　再振替仕訳を行った。

《仕訳》　平成○1年12月31日

　　　　（借）未収穫作物　　300,000　　（貸）　種　苗　費　　50,000
　　　　　　　　　　　　　　　　　　　　　　　　肥　料　費　160,000
　　　　　　　　　　　　　　　　　　　　　　　　農　薬　費　　90,000

　　　　平成○2年1月1日

　　　　（借）種　苗　費　　50,000　　（貸）　未収穫作物　300,000
　　　　　　　肥　料　費　160,000
　　　　　　　農　薬　費　　90,000

肥育家畜勘定　1年以内の販売を目的として，短期間に肥育される肉牛・肉豚・ブロイラーなどの食用の家畜で期末に肥育されているものは，当期末までに要した育成費用で評価し，**肥育家畜勘定**(資産)に計上する。肥育費用には，素畜費(子牛・子豚・ひなの購入費)や種付費，飼料費，診療衛生費などが含まれる。また，翌期首には再振替仕訳を行う。

例5 次の取引の仕訳をしてみよう。

平成○1年12月31日　実地棚卸の結果，期末に豚¥700,000が肥育中であった。

　この豚の期末までに要した肥育費用は，次のとおりである。

　素畜費¥200,000　飼料費¥400,000　診療衛生費¥100,000

平成○2年1月1日　再振替仕訳を行った。

2月7日　肥育中の豚用の飼料¥200,000を現金で購入した。

4月26日　肥育してきた豚を¥2,000,000で売り上げ，代金は小切手で受け取った。

《仕訳》 平成○1年12月31日

(借)肥 育 家 畜　　700,000　(貸)素　畜　費　　200,000
　　　　　　　　　　　　　　　　飼　料　費　　400,000
　　　　　　　　　　　　　　　　診療衛生費　　100,000

平成○2年1月1日

(借)素　畜　費　　200,000　(貸)肥 育 家 畜　　700,000
　　飼　料　費　　400,000
　　診療衛生費　　100,000

2月7日

(借)飼　料　費　　200,000　(貸)現　　　金　　200,000

4月26日

(借)現　　　金　2,000,000　(貸)売　　　上❶2,000,000

❶畜産物売上勘定を用いてもよい。

繰越資材勘定

期末において，肥料・飼料・農薬・育苗用ポットなどの生産資材が，消費されずに残っている場合は，その未消費高を**繰越資材勘定**(資産)に計上する。また，翌期首には再振替仕訳を行う。

例6 次の取引の仕訳をしてみよう。

平成○1年9月12日　JAから飼料¥70,000を購入し，代金は掛けとした。

平成○1年12月31日　実地棚卸の結果，期末の飼料未消費高は¥5,000であった。

平成○2年1月1日　再振替仕訳を行った。

《仕訳》 平成○1年9月12日

(借)飼　料　費　　70,000　(貸)買　掛　金　　70,000

12月31日

(借)繰　越　資　材　5,000　(貸)飼　料　費　　5,000

平成○2年1月1日

(借)飼　料　費　　5,000　(貸)繰　越　資　材　5,000

　以上のように，生産資材を購入したとき全額費用計上し，期末に未消費高を資産計上する記帳法がふつうであるが，購入時に資産計上しておき，期末に消費高を費用計上する記帳法もある。

2　各種取引の記帳と決算　175

現物有高帳

生産資材の数量管理のために現物有高帳が用いられる。**現物有高帳**(げんぶつありだかちょう)は，生産資材の種類ごとに口座を設けて，受け入れ，払い出し，残高の明細をそれぞれ記入する補助簿である。

現物有高帳の受入欄・払出欄・残高欄の単価と金額は，すべて取得原価で記入する。また，払出単価の計算方法には，**先入先出法**(さきいれさきだしほう)や移動平均法などがある。**先入先出法**は，先に受け入れた生産資材から先に払い出すものと考えて(仮定して)払出単価を決める方法である。**移動平均法**は，受け入れのつど数量および金額を前の残高に加え，新しい平均単価を順次算出して，払出単価を決める方法である。

例7 6月中のA配合飼料の受け入れ・払い出しの資料は次のとおりである。現物有高帳に先入先出法によって記入してみよう。

6月 1日	前月繰越		200 kg	@¥200	¥40,000
5日	前橋飼料店	受入高	400 kg	@¥230	¥92,000
12日	肉牛用	払出高	300 kg		
20日	渋川飼料店	受入高	200 kg	@¥260	¥52,000
25日	乳牛用	払出高	350 kg		

《解答》

受け入れ・払い出しのあった日付を記入。

6/1の残高の単価と6/5の仕入単価が異なるので，それぞれ別の行に記入して，くくる。

現 物 有 高 帳
(先入先出法) A配合飼料 (数量の単位 kg)

平成○年		摘要	受入			払出			残高		
			数量	単価	金額	数量	単価	金額	数量	単価	金額
6	1	前月繰越	200	200	40,000				200	200	40,000
	5	前橋飼料店	400	230	92,000				200	200	40,000
									400	230	92,000
	12	肉牛用				200	200	40,000			
						100	230	23,000	300	230	69,000
	20	渋川飼料店	200	260	52,000				300	230	69,000
									200	260	52,000
	25	乳牛用				300	230	69,000			
						50	260	13,000	150	260	39,000
	30	次月繰越				150	260	39,000			
			800		184,000	800		184,000			
7	1	前月繰越	150	260	39,000				150	260	39,000

現在高を記入する。

先に受け入れた単価¥200の分を先に払い出し，残りの100個は単価¥230で払い出す。

最終残高を，払出欄に移記する。

例8 例7の資料に基づき、現物有高帳に移動平均法によって記入してみよう。

《解答》

(¥40,000 + ¥92,000) ÷ (200+400) = ¥220

現 物 有 高 帳

(移動平均法)　　　A配合飼料　　　(数量の単位　kg)

平成○年		摘要	受入			払出			残高		
			数量	単価	金額	数量	単価	金額	数量	単価	金額
6	1	前月繰越	200	200	40,000				200	200	40,000
	5	前橋飼料店	400	230	92,000				600	220	132,000
	12	肉牛用				300	220	66,000	300	220	66,000
	20	渋川飼料店	200	260	52,000				500	236	118,000
	25	乳牛用				350	236	82,600	150	236	35,400
	30	次月繰越				150	236	35,400			
			800		184,000	800		184,000			
7	1	前月繰越	150	236	35,400				150	236	35,400

直前の6/5の残高欄に記入されている平均単価を払出単価とする。

(¥66,000 + ¥52,000) ÷ (300 + 200) = ¥236

直前の6/20の残高欄に記入されている平均単価を払出単価とする。

③ 掛け取引

掛け取引　農業の本来の経営活動は、仕入先から種子や肥料などの生産資材を仕入れ、それをもとに生産し、農産物を得意先に売り渡すことにある。このような本来の経営活動にともなって、債務または債権が生じる取引を**掛け取引**という。

売掛金　掛け売りした場合の債権を売掛金という。掛け売りしたときは、**売掛金勘定**(資産)の借方に記入し、売掛金を回収したときや掛け売りした農産物などの返品(売上戻り)、または、値引きがあったときは、売掛金勘定の貸方に記入する。

例9 次の取引の仕訳を示してみよう。

9月 1日　大泉レストランにイチゴ・メロンなどの果実¥20,000を売り渡し、代金は掛けとした。

　　5日　新田スーパーにブロッコリー・ホウレンソウなどの野菜¥80,000を売り渡し、代金は掛けとした。

2　各種取引の記帳と決算　177

　　　　6日　新田スーパーに売り渡した野菜￥10,000が返品された。
　　　10日　大泉レストランに対する売掛金￥50,000を，同店振り出しの小切手で受け取った。

《仕訳》　9月 1日（借）売掛金　20,000　　　（貸）売　上　20,000
　　　　　　 5日（借）売掛金　80,000　　　（貸）売　上　80,000
　　　　　　 6日（借）売　上　10,000　　　（貸）売掛金　10,000
　　　　　　10日（借）現　金　50,000　　　（貸）売掛金　50,000

買掛金

掛け買いした場合の債務を買掛金という。掛け買いしたときは，**買掛金勘定**（負債）の貸方に記入し，買掛金を支払ったときや，掛け買いした生産資材などの返品（仕入戻し）または値引があったときは，買掛金勘定の借方に記入する。

例10　次の取引の仕訳を示してみよう。

　9月15日　高山飼料店から飼料￥60,000を仕入れ，代金は掛けとした。
　　20日　吉井薬剤店から殺菌剤などの農薬￥70,000を仕入れ，代金は掛けとした。
　　21日　吉井薬剤店から仕入れた殺菌剤などの容器に，へこみのあるものがあり，￥20,000の値引きを受けた。
　　25日　高山飼料店に対する買掛金￥30,000を，小切手＃5を振り出して支払った。

《仕訳》　9月15日（借）飼 料 費　60,000　　　（貸）買 掛 金　60,000
　　　　　　20日（借）農 薬 費　70,000　　　（貸）買 掛 金　70,000
　　　　　　21日（借）買 掛 金　20,000　　　（貸）農 薬 費　20,000
　　　　　　25日（借）買 掛 金　30,000　　　（貸）当座預金　30,000

補足　手形と有価証券

　代金の決済手段として手形（約束手形・為替手形）を用いることがある。農産物を売り上げて手形を受け取ると，手形に記載してある金額を一定の日（満期日）に受け取れる手形債権をもつことになる。この手形を満期日前に銀行などに売却して，現金化する（ふつう，当座預金に入金される）こともできる。これを手形の割引という。

　また，所有している株式や社債などは有価証券といわれ，売却して代金を得ることができるので資産である。

4 そのほかの債権・債務

本来の経営活動以外の債権・債務

債権・債務の中には，売掛金や買掛金のように，農業の本来の経営活動から生じる債権・債務のほか，①金銭の貸借によるもの（貸付金・借入金），②生産資材や農産物以外の物品の売買によるもの（未収金・未払金）など，本来の経営活動以外から生じる債権・債務がある。

貸付金・借入金

経営体に資金の余裕が生じたとき，得意先や仕入先などに金銭を貸し付けることがあり，これを貸付金という。金銭を貸し付けたときは，**貸付金勘定**（資産）の借方に記入し，返済を受けたときは貸方に記入する。

例11 次の取引の仕訳を示してみよう。

4月1日 大泉レストランに，現金¥40,000を貸し付けた。
10月1日 大泉レストランから貸付金¥40,000の返済を受け，利息¥2,000とともに同店振り出しの小切手で受け取り，ただちに当座預金とした。

《仕訳》

4月1日　（借）貸　付　金　40,000　　（貸）現　　　金　40,000
10月1日　（借）当座預金　42,000　　（貸）貸　付　金　40,000
　　　　　　　　　　　　　　　　　　　　受取利息　　2,000

また，経営体に資金の不足が生じたとき，取引銀行などから金銭を借り入れることがあり，これを借入金といい，**借入金勘定**（負債）で処理する。

例12 次の取引の仕訳を示してみよう。

4月5日 安中銀行から現金¥300,000を借り入れた。
10月5日 安中銀行に借入金¥300,000を返済することとし，利息¥15,000とともに小切手を振り出して支払った。

《仕訳》

4月5日　（借）現　　　金　300,000　　（貸）借　入　金　300,000
10月5日　（借）借　入　金　300,000　　（貸）当座預金　315,000
　　　　　　　　支払利息　　15,000

未収金・未払金

不要品の売却や，固定資産の購入・売却などは，経営体からみると本来の経

営活動ではない。本来の経営活動以外の取引によって発生した，一時的な債権と債務は，それぞれ**未収金勘定**(資産)または**未払金勘定**(負債)で処理する。

例13 次の取引の仕訳を示してみよう。

8月8日 渋川廃品業店へ不用になった段ボール箱を売却し，代金¥2,000は月末に受け取ることにした。

10月1日 前橋農機店から大農具を買い入れ，代金¥400,000は月末に支払うことにした。

《仕訳》

8月8日 (借)未 収 金 2,000 (貸)雑 益 2,000
10月1日 (借)大 農 具 400,000 (貸)未 払 金 400,000

5 固定資産

経営活動のために使用する目的で，長期にわたって保有する資産を**固定資産**という。固定資産には，田・畑などの土地や建物，構築物などがある。また，農業特有の固定資産として，大農具・家畜・永年植物・育成家畜・育成永年植物などがある。

建物・構築物・大農具

畜舎・倉庫などの建物は**建物勘定**で処理し，サイロ・堆肥場などは**構築物勘定**で処理する。また，田植機・トラクタ・乾燥装置など一定の金額以上の農器具は，**大農具勘定**で処理する。

これらの資産は，使用によって価値が減少するので，あとで学ぶ**減価償却**という手続きが必要となる。

家畜・永年植物

一定の年齢に達したあと，長期にわたって，牛乳などの農産物の生産のために飼っている乳牛や繁殖用の肉牛・豚などは，**家畜勘定**で処理する。また，一定の樹齢に達したあと，長期にわたって果実などの農産物の生産に使用している果樹や茶樹・桑樹などの永年生の作物は，**永年植物勘定**で処理する。

これらの家畜や永年植物は，ふつう自家で育成されることが多いため，育成中はあとで学ぶとおり，育成家畜勘定と育成永年植物勘定で処理しておく。育成が終わり成熟期に達したら，家畜勘定または永年植物勘定に振り替え，減価償却を行う。

育成家畜・育成永年植物　家畜と永年植物は，育成開始から成熟期まで長期にわたって要した費用を，**育成家畜勘定**と**育成永年植物勘定**の借方に資産として計上しておき，成熟期に達したら，それぞれ家畜勘定と永年植物勘定に振り替える。

　成熟期とは，家畜や永年植物として使用を始める時点である。たとえば，乳牛の場合は初産分娩時であり，永年植物の場合は，その年にかかった費用と農産物の収益とが，ほぼ等しくなる時点である。

例14　次の取引の仕訳を示してみよう。
(1) 育成中の繁殖用肉牛に使った費用は，飼料費¥200,000　診療衛生費¥50,000だった。これらは，支出時に当期の費用として処理している。
(2) 育成中の繁殖用肉牛が成熟期に達したので，育成家畜勘定の残高¥900,000を家畜勘定に振り替えた。

《仕訳》
(1) （借）育成家畜　250,000　　（貸）飼　料　費　200,000
　　　　　　　　　　　　　　　　　　診療衛生費　 50,000
(2) （借）家　　畜　900,000　　（貸）育 成 家 畜　900,000

減価償却　固定資産は，使用したり，時間が経過することによって，価値が減少する。そこで，決算にあたり，当期中における価値の減少額(減価)を計算し，これを費用として計上するとともに，固定資産の勘定残高から差し引く。この手続きを**減価償却**といい，計上される費用を**減価償却費**という❶。

減価償却費の計算方法　農業経営で一般に用いられる減価償却費の計算方法は，定額法と定率法である。ここでは，**定額法**について学習する。定額法は次に示す計算式によって，毎期，同一金額の減価償却費を計上する方法である。

$$1年分の減価償却費 = \frac{取得原価❷ - 残存価額❸}{耐用年数❹}$$

❶土地は，減価償却しない。
❷取得原価は，固定資産の買入価額と付随費用の合計金額である。
❸残存価額は，耐用年数経過後の使用できなくなったときの見積もり処分額である。税法では残存価額を0(零)としている。
❹耐用年数は，固定資産を何年使えるかの見積もり年数である。

例15 次の大農具の1年分の減価償却費を定額法によって計算してみよう。

取得原価￥7,000,000　耐用年数7年　残存価額は取得原価の10%

《解答》

$$\frac{￥7,000,000 － ￥7,000,000 \times 10\%}{7年} = ￥900,000$$

減価償却の記帳方法　減価償却を記帳する方法には，**直接法**と**間接法**とがあるが，ここでは，間接法について学習する。

間接法は，毎期の減価償却費を**減価償却費勘定**（費用）の借方に記入するとともに，固定資産の種類ごとに**減価償却累計額勘定**を設け，その貸方に記入し，間接的に固定資産の金額を減額する方法である。

なお，固定資産の帳簿価額❶は，固定資産の勘定残高から減価償却累計額勘定残高を差し引いて求める。

❶現在高ともいう。

例16 例15の減価償却費に基づき，仕訳を示し，転記してみよう。

《仕訳》

（借）減価償却費　900,000　　（貸）大農具減価償却累計額　900,000

《転記》

| 固定資産台帳 | 固定資産の明細を記録する補助簿として，下記のような固定資産台帳が用いられる。固定資産の種類や用途別に口座を設けて，取得原価・減価償却費などを記入する。 |

建　物　台　帳

所在地	群馬県沼田市大和町165-2	耐用年数	15年
構　造	鉄骨造り	残存価額	取得原価の10%
面　積	40 m²	償却方法	定額法
用　途	温室		

年	月	日	摘　　要	取得原価	減価償却費	現　在　高	備　考
○	1	4	買い入れ	1,300,000			
		〃	登記料など	300,000		1,600,000	
	12	31	減価償却費		96,000	1,504,000	

6　家族経営の資本

| 資本金 | 家族経営では，資本の増減は，すべて**資本金勘定**(資本)で処理する。 |

　農業経営を始めるにあたって，経営者が最初に出資したとき❶は，それを資本金勘定の貸方に記入する。また，規模拡大などのために追加出資したとき❷や，決算の結果，当期純利益を計上したときも資本金勘定の貸方に記入する。反対に，経営者が経営体の現金や農産物などを私用に使ったり，家計が負担すべき電気代・ガス代などを経営体が支払ったりするとき❸，また，決算の結果，当期純損失を計上したときは，借方に記入する。

❶元入れ という。

❷追加元入れ という。

❸資本の引き出しという。

資　　本

引出額	元入額
期末資本 （次期繰越高）	追加元入額
	当期純利益

例17 次の取引の仕訳を示してみよう。
(1) 規模拡大のため,経営者が現金¥800,000を追加元入れした。
(2) 経営者が私用のため,農場の現金¥500,000を引き出した。

《仕訳》
(1) (借)現　　金　800,000　　　(貸)資　本　金　800,000
(2) (借)資　本　金　500,000　　　(貸)現　　金　500,000

引出金　経営者が資本の引き出しを頻繁に行う場合,そのつど,資本金勘定に記入すると,非常に煩雑になる。そこで,**引出金勘定**を設け,引出額をその借方に記入しておき,決算時にその合計額をまとめて資本金勘定の借方に振り替える記帳を行う。

例18 例17の(2)の取引について,引出金勘定を用いて仕訳してみよう。

《仕訳》
(借)引　出　金　500,000　　　(貸)現　　金　500,000

収益・費用

収益と費用の分類　農業経営では,農業部門から発生する損益を明確に把握するために,収益を**農業収益**と**農業外収益**に分類し,費用を**農業費用**と**農業外費用**に分類する。農業収益は,農産物を販売することによって得られる収益であり,農業外収益は,おもに金融や投資活動によって得られる収益である。

これに対して,農業費用とは,農産物の生産と販売のために要した費用であり,農業外費用とは,おもに金融や投資活動によって生じる費用である。

上記のほかに,農地などの土地を売って得た利益や災害による資産の損失など,臨時的な特別損益項目もある。

農業収益

農業収益のおもなものは，次のとおりである。

(1) **米売上**：稲作部門の販売収入は，**米売上勘定**で処理する。
(2) **野菜売上**：ナス・トマト・ダイコンなど野菜の販売収入は，**野菜売上勘定**で処理する。また，品目名を勘定科目として用いてもよい。たとえば，ナス売上やトマト売上などである。
(3) **果実売上**：ミカン・リンゴ・カキ・モモ・クリなど果実の販売収入は，**果実売上勘定**で処理する。また，品目名を勘定科目として用いてもよい。たとえば，ミカン売上やリンゴ売上などである。
(4) **畜産物売上**：肥育牛・肥育豚・牛乳・鶏卵などの販売収入は，**畜産物売上勘定**で処理する。また，品目名を勘定科目として用いてもよい。たとえば，肥育牛売上や牛乳売上などである。

農業外収益

農業外収益のおもなものは，次のとおりである。

(1) **受取利息**：銀行預金やJA貯金などから生じる利息は，**受取利息勘定**で処理する。
(2) **受取地代**：自己が所有する農業用土地の賃借料として地代を受け取ったときは，**受取地代勘定**で処理する。

このほか，農業外収益にはJAの出資配当金などの受取配当金や，株式などを売った場合の有価証券売却益などがある。

農業費用

原価計算の実施を目的とした場合，農業費用は，**農産物原価要素**と**販売費及び一般管理費**に分類される。農産物原価要素とは，農産物を生産するためにかかる費用であり，**生産資材費・労務費・経費**の三つの原価要素に分類することができる。

(1) **生産資材費**：生産資材費とは，農産物を生産するための生産資材の消費高をいう。消費高は，生産資材の種類ごとの勘定で処理する。たとえば，農産物の種子や苗木などを購入した場合，その支出額は**種苗費勘定**で処理する。また，肥料を購入した場合は**肥料費勘定**，農薬を購入した場合は**農薬費勘定**で処理する。

子牛・子豚・ヒナなどの購入費は，**素畜費勘定**で処理する。このほか，家畜の飼料は**飼料費勘定**，家畜の種付け料や医療費などは**診療衛生費勘定**で処理する。

なお，一定額未満❶または耐用年数が1年未満の農機具を購入した場合は，**小農具費勘定**で処理する。

(2) **労務費**：労務費とは，農産物の生産のためにかかった労働の消費高をいう。外部から人を雇った場合の労務費は，**雇人費勘定**で処理する。また，経営主以外の家族農業従事者の労務費は，**専従者給与勘定**で処理する。

(3) **経費**：経費とは，生産資材費および労務費以外の農産物原価要素をいう。たとえば，修繕費・減価償却費・租税公課❷・電力料・水道料などである。

(4) **販売費及び一般管理費**：販売費とは，農産物の販売のためにかかった費用をいう。たとえば，包装資材費・発送費・販売員給料などである。また，一般管理費とは，農業経営全般にかかった費用をいう。たとえば，事務用建物の減価償却費や火災保険料などである。

❶ 税法では，10万円未満と定めている。

❷ 各種の税金や企業が加入する団体への負担金などをまとめて租税公課という。ただし，法人税や所得税など一定の税金は租税公課に含まれない。

農業外費用

農業外費用のおもなものは，次のとおりである。

(1) **支払利息**：借入金の利息を支払ったときは，**支払利息勘定**で処理する。

(2) **手形売却損**：手形を銀行などで割り引いたときの割引料は，**手形売却損勘定**で処理する。

このほか，農業外費用には株式などを売った場合の**有価証券売却損**などがある。

8　決算——その2

決算整理の意味

1節⑨項「決算—その1」(→p.162)で学んだように，決算は総勘定元帳の勘定残高に基づいて行われる。しかし，決算日における各勘定残高のなかには，実際の有高や発生額を正しく示していないものがある。

そこで，決算にあたり，それらの勘定の残高が正しい金額を示すように修正することが必要となる。この修正手続きを **決算整理** といい，そのために必要な仕訳を **決算整理仕訳** という。

また，決算整理を必要とすることがらを，**決算整理事項** といい，ここでは，貸倒れの見積もりと費用・収益の繰り延べ，および見越しについて学習する。

このほか，すでに学習した生産資材の未消費分の整理（→p.173），未販売の農産物や未収穫の農産物などの整理（→p.175），減価償却（→p.181）なども決算整理事項である。

貸し倒れの見積もり

販売先の倒産などにより，売掛金などの債権が回収できなくなることを **貸し倒れ** という。決算では，貸し倒れを見積もって **貸倒引当金** を設定して，売掛金などの残高を修正する決算整理を行う必要がある。

例19 大利根ファームにおける次の資料により，貸倒引当金を設定する仕訳を示してみよう。

　　12月31日　売掛金残高 ¥400,000　貸倒引当金残高 ¥2,000
　　　　　　　貸倒引当金は売掛金残高の5.5%を設定する。

《仕訳》（借）貸倒引当金繰入❶　20,000　（貸）貸倒引当金　20,000

売掛金残高の5.5%は，¥22,000（＝ ¥400,000 × 5.5%）である。この例題では，すでに貸倒引当金残高が¥2,000であるので，その差額¥20,000（＝ ¥22,000 － ¥2,000）を計上すればよい。

❶貸し倒れになると，見積もられた費用の勘定である。

費用・収益の繰り延べと見越し

決算にあたって，正しい当期純損益を計算するため，費用や収益の各勘定の残高が当期の発生高を正しく示すように，それらを修正する必要がある。そのために行われる一連の手続きを費用・収益の整理といい，これには，費用・収益の繰り延べと費用・収益の見越しとがある。

■**費用の繰り延べ**　保険料などの費用の支払高のうちに，次期以降の費用となる部分❷が含まれている場合は，前払高を費用の勘定から差し引くとともに，**前払保険料勘定**（資産）などに記入して，次期に繰り延べる。これを **費用の繰り延べ** という。

❷**前払高** という。

2　各種取引の記帳と決算

例20 大利根ファームにおける次の費用の繰り延べの仕訳を示してみよう。

　　12月31日　保険料勘定の残高¥24,000のうち，前払高¥5,000を次期に繰り延べた。

《仕訳》（借）前払保険料　5,000　　　（貸）保険料　5,000

　なお，前払保険料¥5,000は，原則として，次期の費用になるため，次期の最初の日付（決算日の翌日）で保険料に振り替える再振替仕訳を行う。

■**収益の繰り延べ**　受取地代などの，収益の受取高のうちに，次期以降の収益となる部分❶が含まれている場合は，前受高を収益の勘定から差し引くとともに，**前受地代勘定**（負債）などに記入して，次期に繰り延べる。これを **収益の繰り延べ** という。

❶これを **前受高** という。

例21 大利根ファームにおける次の収益の繰り延べの仕訳を示してみよう。

　　12月31日　受取地代勘定の残高¥60,000のうち，前受高¥5,000を次期に繰り延べた。

《仕訳》（借）受取地代　5,000　　　（貸）前受地代　5,000

■**費用の見越し**　支払利息などの費用で，まだ支払ってはいないが，当期の費用としてすでに発生している分❷がある場合は，未払高を費用の勘定に計上するとともに，**未払利息勘定**（負債）などに記入して，次期に繰り越す。これを **費用の見越し** という。

❷これを **未払高** という。

例22 大利根ファームにおける次の費用の見越しの仕訳を示してみよう。

　　12月31日　決算にあたり，利息の未払高¥6,000を計上した。

《仕訳》（借）支払利息　6,000　　　（貸）未払利息　6,000

　なお，未払利息¥6,000は，次期の最初の日付で，支払利息勘定に再振替する。これは，再振替せずにそのままにしておくと，次期に利息を支払ったときに，前期分（未払分）の支払いなのか，当期分の支払いなのかが不明確になるためである。

■**収益の見越し**　受取家賃などの収益で，まだ受け取ってはいないが，当期の収益としてすでに発生している分❸がある場合は，未収高を収益の勘定に計上するとともに，**未収家賃勘定**（資産）などに記入して次期に繰り越す。これを **収益の見越し** という。

❸これを **未収高** という。

例23 大利根ファームにおける次の収益の見越しの仕訳を示してみよう。

12月31日　決算にあたり，家賃の未収高￥8,000を計上した。
《仕訳》　（借）未収家賃　8,000　　　　（貸）受取家賃　8,000

なお，未収家賃￥8,000は，次期の最初の日付で，受取家賃勘定に再振替する。これは，再振替せずにそのままにしておくと，次期に家賃を受け取ったときに，前期分（未収高）の受け取りなのか，当期分の受け取りなのかが不明確になるためである。

8桁精算表　p.160で学習した6桁精算表には，決算整理を行うための欄（整理記入欄）が設けられていなかった。

（6桁）　**精　算　表**
平成○年12月31日

勘定科目	残高試算表		損益計算書		貸借対照表	
	借　方	貸　方	借　方	貸　方	借　方	貸　方
	1桁	2桁	3桁	4桁	5桁	6桁

整理記入欄がない

精算表のうえで決算整理を行うためには，6桁精算表に決算整理仕訳を記入するための**整理記入欄**を設けて，8欄にした精算表を用意する必要がある。この8欄の精算表を**8桁精算表**という。

（8桁）　**精　算　表**
平成○年12月31日

勘定科目	残高試算表		整理記入		損益計算書		貸借対照表	
	借　方	貸　方	借　方	貸　方	借　方	貸　方	借　方	貸　方
	1桁	2桁	3桁	4桁	5桁	6桁	7桁	8桁

整理記入欄がある

8桁精算表は，次の手順にしたがって作成する。
❶総勘定元帳の各勘定残高を残高試算表欄に記入する。
❷決算整理仕訳を整理記入欄に記入する。このとき，新たに必要となる勘定科目は，勘定科目欄に追加記入する。
❸資産・負債・資本の各勘定のうち，整理記入が行われた勘定については，残高試算表欄と整理記入欄の金額が，貸借同じ側のときは加算し，反対側のときは差し引いて，貸借対照表欄に記入する。
❹収益・費用の各勘定のうち，整理記入が行われた勘定については，❸と同じように加減して損益計算書欄に記入する。
❺整理記入欄に記入のない勘定については，残高試算表欄の金額を貸借対照表欄または損益計算書欄に，そのまま記入する。
❻損益計算書欄と貸借対照表欄の借方・貸方の金額をそれぞれ合計し，その差額を当期純利益または当期純損失として，金額の少ない側に記入する。
❼すべての欄の借方・貸方の金額をそれぞれ合計して締め切る。

例 24 下記の東北農場（決算日12月31日）の総勘定元帳残高と決算整理事項によって，精算表を作成してみよう。

総勘定元帳残高

現 金	¥210,000	当座預金	¥520,000	売 掛 金	¥400,000
貸倒引当金	2,000	大 農 具	3,500,000	大農具減価償却累計額	1,500,000
土 地	7,000,000	買 掛 金	740,000	借 入 金	4,000,000
資 本 金	5,000,000	野 菜 売 上	9,120,000	畜産物売上	6,000,000
受取手数料	178,000	種 苗 費	4,280,000	肥 料 費	920,000
農 薬 費	880,000	素 畜 費	1,730,000	飼 料 費	3,760,000
雇 人 費	2,600,000	租 税 公 課	300,000	保 険 料	120,000
修 繕 費	60,000	雑 費	240,000	支 払 利 息	20,000

決算整理事項

(a) 貸倒引当金　　　売掛金残高の5.5%とする。
(b) 大農具減価償却高　取得原価¥3,500,000　残存価額は0（零）耐用年数は7年とし，定額法による。
(c) 未収穫作物　　　¥380,000（種苗費¥280,000　肥料費¥20,000　農薬費¥80,000）
(d) 繰越資材　　　　飼料費¥3,760,000のうち，¥560,000が未消費である。
(e) 保険料の前払高　保険料¥120,000のうち，前払高¥40,000を次期に繰り延べる。
(f) 利息の未払高　　支払利息¥20,000のほか，利息¥70,000が未払いである。

精算表

平成○年12月31日　　　　　　　　　　　　　　　　単位：円

勘定科目	残高試算表 借方	残高試算表 貸方	整理記入 借方	整理記入 貸方	損益計算書 借方	損益計算書 貸方	貸借対照表 借方	貸借対照表 貸方
現　　　　　　金	210,000						210,000	
当　座　預　金	520,000						520,000	
売　　掛　　金	400,000						400,000	
貸　倒　引　当　金		2,000		(a) 20,000				22,000
大　　農　　具	3,500,000						3,500,000	
大農具減価償却累計額		1,500,000		(b) 500,000				2,000,000
土　　　　　　地	7,000,000						7,000,000	
買　　掛　　金		740,000						740,000
借　　入　　金		4,000,000						4,000,000
資　　本　　金		5,000,000						5,000,000
野　菜　売　上		9,120,000				9,120,000		
畜　産　物　売　上		6,000,000				6,000,000		
受　取　手　数　料		178,000				178,000		
種　　苗　　費	4,280,000			(c) 280,000	4,000,000			
肥　　料　　費	920,000			(c) 20,000	900,000			
農　　薬　　費	880,000			(c) 80,000	800,000			
素　　畜　　費	1,730,000				1,730,000			
飼　　料　　費	3,760,000			(d) 560,000	3,200,000			
雇　　人　　費	2,600,000				2,600,000			
租　税　公　課	300,000				300,000			
保　　険　　料	120,000			(e) 40,000	80,000			
修　　繕　　費	60,000				60,000			
雑　　　　　　費	240,000				240,000			
支　払　利　息	20,000		(f) 70,000		90,000			
	26,540,000	26,540,000						
貸倒引当金繰入			(a) 20,000		20,000			
減　価　償　却　費			(b) 500,000		500,000			
未　収　穫　作　物			(c) 380,000				380,000	
繰　越　資　材			(d) 560,000				560,000	
前　払　保　険　料			(e) 40,000				40,000	
未　払　利　息				(f) 70,000				70,000
当　期　純　利　益					778,000			778,000
			1,570,000	1,570,000	15,298,000	15,298,000	12,610,000	12,610,000

帳簿の締め切り

次に,決算整理を含む決算手続きについて,決算仕訳(整理仕訳と振替仕訳)から総勘定元帳への転記,各勘定の締め切り,および,繰越試算表の作成までを学習しよう。

例25 例24の東北農場の資料によって,帳簿決算を行ってみよう。

〈決算仕訳〉

仕 訳 帳　　　　　　5

平成○年		摘　　　要	元丁	借　方	貸　方
		決算仕訳			
12	31	(貸倒引当金繰入)	25	20,000	
		(貸倒引当金)	4		20,000
		貸倒引当金の計上			
	〃	(減価償却費)	26	500,000	
		(大農具減価償却累計額)	6		500,000
		減価償却費の計上			
	〃	(未収穫作物)　　諸　口	27	380,000	
		(種　苗　費)	14		280,000
		(肥　料　費)	15		20,000
		(農　薬　費)	16		80,000
		未収穫作物の計上			
	〃	(繰 越 資 材)	28	560,000	
		(飼　料　費)	18		560,000
		繰越資材の計上			
	〃	(前払保険料)	29	40,000	
		(保　険　料)	21		40,000
		保険料の繰り延べ			
	〃	(支 払 利 息)	24	70,000	
		(未 払 利 息)	30		70,000
		支払利息の見越し			
	〃	諸　口　　　　　(損　益)	31		15,298,000
		(野 菜 売 上)	11	9,120,000	
		(畜産物売上)	12	6,000,000	
		(受取手数料)	13	178,000	
		収益を損益勘定に振替			
	〃	(損　　益)　　　諸　口	31	14,520,000	
		(種　苗　費)	14		4,000,000
		(肥　料　費)	15		900,000
		(農　薬　費)	16		800,000
		(素　畜　費)	17		1,730,000
		(飼　料　費)	18		3,200,000
		(雇　人　費)	19		2,600,000
		(租税公課)	20		300,000
		(保　険　料)	21		80,000
		(修　繕　費)	22		60,000
		(雑　　費)	23		240,000
		(支 払 利 息)	24		90,000
		(貸倒引当金繰入)	25		20,000
		(減価償却費)	26		500,000
		費用を損益勘定に振替			
		次ページへ		31,388,000	31,388,000

仕訳帳　6

平成○年		摘要	元丁	借方	貸方
12	31	前ページから		31,388,000	31,388,000
		（損　益）	31	778,000	
		（資　本　金）	10		778,000
		当期純利益を資本金勘定に振替			
				32,166,000	32,166,000

〈元帳転記と締め切り〉

現　　金　　　　　　1
210,000 ｜ 12/31 次期繰越 210,000

当座預金　　　　　　2
520,000 ｜ 12/31 次期繰越 520,000

売　掛　金　　　　　　3
400,000 ｜ 12/31 次期繰越 400,000

貸倒引当金　　　　　　4
12/31 次期繰越 22,000 ｜ 2,000
｜ 12/31 貸倒引当金繰入 20,000
22,000 ｜ 22,000

大　農　具　　　　　　5
3,500,000 ｜ 12/31 次期繰越 3,500,000

大農具減価償却累計額　　　　　　6
12/31 次期繰越 2,000,000 ｜ 1,500,000
｜ 12/31 減価償却費 500,000
2,000,000 ｜ 2,000,000

土　　地　　　　　　7
7,000,000 ｜ 12/31 次期繰越 7,000,000

買　掛　金　　　　　　8
12/31 次期繰越 740,000 ｜ 740,000

借　入　金　　　　　　9
12/31 次期繰越 4,000,000 ｜ 4,000,000

資　本　金　　　　　　10
12/31 次期繰越 5,778,000 ｜ 5,000,000
｜ 12/31 損　益 778,000
5,778,000 ｜ 5,778,000

野菜売上　　　　　　11
12/31 損　益 9,120,000 ｜ 9,120,000

畜産物売上　　　　　　12
12/31 損　益 6,000,000 ｜ 6,000,000

受取手数料　　　　　　13
12/31 損　益 178,000 ｜ 178,000

種　苗　費　　　　　　14
4,280,000 ｜ 12/31 未収穫作物 280,000
｜ 〃　　損　益 4,000,000
4,280,000 ｜ 4,280,000

肥　料　費　　　　　　15
920,000 ｜ 12/31 未収穫作物 20,000
｜ 〃　　損　益 900,000
920,000 ｜ 920,000

農　薬　費　　　　　　16
880,000 ｜ 12/31 未収穫作物 80,000
｜ 〃　　損　益 800,000
880,000 ｜ 880,000

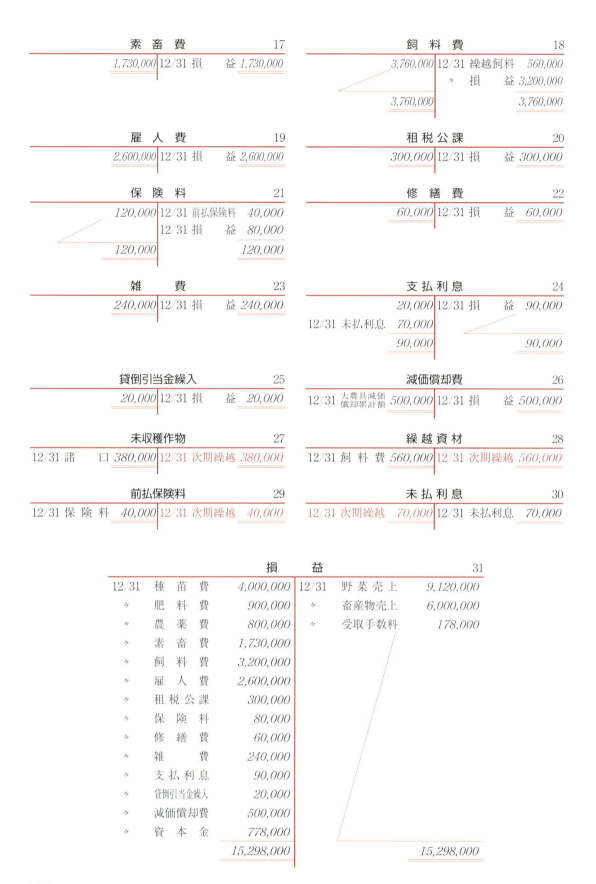

財務諸表の作成　決算整理後の総勘定元帳と，そのほかの帳簿記録に基づいて，損益計算書や貸借対照表などの決算報告書を作成する。このような決算報告書を**財務諸表**という。

■**損益計算書の作成**　損益計算書は，1会計期間に発生したすべての収益と費用を記載し，その差額として当期純損益を表示することにより，経営体の経営成績を明らかにするものである。収益や費用は，相殺(そうさい)せずに，原則として総額で表示する。

損 益 計 算 書

東北農場　　　　平成○年1月1日から平成○年12月31日まで

費　用	金　額	収　益	金　額
種　苗　費	4,000,000	売　上　高	15,120,000
肥　料　費	900,000	受 取 手 数 料	178,000
農　薬　費	800,000		
素　畜　費	1,730,000		
飼　料　費	3,200,000		
雇　人　費	2,600,000		
租　税　公　課	300,000		
保　険　料	80,000		
修　繕　費	60,000		
雑　費	240,000		
支　払　利　息	90,000		
貸倒引当金繰入	20,000		
減　価　償　却　費	500,000		
当　期　純　利　益	778,000		
	15,298,000		15,298,000

野菜売上￥9,120,000と畜産物売上￥6,000,000との合計額

■**貸借対照表の作成**　貸借対照表は，会計期末の資産・負債，および資本をすべて記載して，経営体の財政状態を明らかにするものである。貸借対照表の作成にあたっては，経営体の支払い能力を明らかにするために，資産を流動資産から固定資産へ，負債を流動負債から固定負債へ順次配列する。

また，財政状態を正確に判断できるように，資産・負債・資本についても総額で表示する。売掛金は，貸倒引当金を控除する形式で表示し，固定資産は，取得原価から，減価償却累計額を控除する形式で表示する。

貸　借　対　照　表

東北農場　　　　　　　　　　平成○年12月31日

資　産		金　額	負債および純資産	金　額
現　　　　　金		210,000	買　掛　金	740,000
当　座　預　金		520,000	借　入　金	4,000,000
売　掛　金	400,000		未　払　利　息	70,000
貸　倒　引　当　金	22,000	378,000	資　本　金	5,000,000
未　収　穫　作　物		380,000	当　期　純　利　益	778,000
繰　越　資　材		560,000		
前　払　保　険　料		40,000		
大　農　具	3,500,000			
減価償却累計額	2,000,000	1,500,000		
土　　　　　地		7,000,000		
		10,588,000		10,588,000

9 帳簿と伝票

帳簿の種類

帳簿は，**主要簿**と**補助簿**に分けられる。主要簿は，すべての取引を記入する帳簿で，決算に必要な基礎資料を提供する役割がある。補助簿は，特定の取引や勘定の明細を記入する帳簿で，主要簿の記録を補い，総勘定元帳の記録と照合する役割がある。

帳簿の形式

帳簿の形式には，つづり込み帳簿と紙片帳簿とがある。つづり込み帳簿は，用紙をつづり合わせて着物のように製本してあり，ページの数もついている。紙片帳簿には，用紙をバインダーでつづったルーズリーフ式と，一定の形式のカードを容器に入れたカード式とがある。

帳簿とコンピュータ

実務では，コンピュータによる簿記が一般的である。仕訳を入力すれば，総勘定元帳から試算表・損益計算書・貸借対照表まで，自動的に作成できる。また，各種資料の表示や財務諸表の分析も行うことができる。

証ひょう

多くの取引は，取引の事実を証明する書類に基づいて，帳簿に記入される。この書類を**証ひょう**という。証ひょうには，取引先から受け取る納品書・領収証などや，当方が作成し，取引先に渡す納品書・領収証・小切手の控えなどがある。証ひょうは，取引の証拠となる重要書類なので，日付順や種類別に分類・整理して，必ず保管しておく。

伝票

証ひょうはそのままつづって帳簿のかわりにできるが，取引先によって大きさや様式が異なるので，扱いにくい。そこで，一定の大きさと様式を備えた紙片に，取引の内容を記入し，これを帳簿として用いることがある。この紙片を**伝票**といい，伝票に記入することを**起票**という。実務では，伝票が広く用いられている。

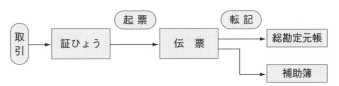

図4　証ひょう・伝票・帳簿の関係

仕訳伝票

取引を，仕訳の形式で記入する伝票を**仕訳伝票**という。一つの取引について1枚を起票し，伝票から総勘定元帳に転記したり，補助簿に記入する。起票順に番号を記入してつづると仕訳帳のかわりになる。

図5　仕訳伝票の起票法

3伝票制

取引を入金取引・出金取引・それ以外の取引の三つに分け，それぞれ**入金伝票・出金伝票・振替伝票**に記入する方法を**3伝票制**という。

入金伝票

入金取引を仕訳すると，借方の勘定科目はすべて「現金」になる。そのため，入金伝票には「現金」の記入を省略し，科目欄に貸方の勘定科目を，金額欄に入金額を記入する❶。

❶入金取引で，貸方科目が二つ以上になるときは，貸方科目1科目について1枚の入金伝票を起票する。

例26　次の例をもとに，入金伝票を起票してみよう。

6月10日，利根スーパーに次のとおり農産物を売り渡し，代金は現金で受け取った(伝票番号6)。

　　キャベツ　50箱　＠¥600　¥30,000

　（借）現　　金　　30,000　　（貸）野菜売上　　30,000

図6　入金伝票の起票法

| 出金伝票 | 出金取引を仕訳すると，貸方の勘定科目はすべて「現金」になる。そのため，出金伝票には，「現金」の記入を省略し，科目欄に借方の勘定科目を，金額欄に出金額を記入する❶。

❶出金伝票で，借方科目が二つ以上になるときは，借方科目1科目について1枚の出金伝票を起票する。

例27 次の例をもとに，出金伝票を起票してみよう。

6月15日　安中農機店から次のとおり大農具を購入し，代金は現金で支払った（伝票番号13）。

　　　小型トラクタ　1台　￥800,000

　（借）大農具　　800,000　　（貸）現　　金　　800,000

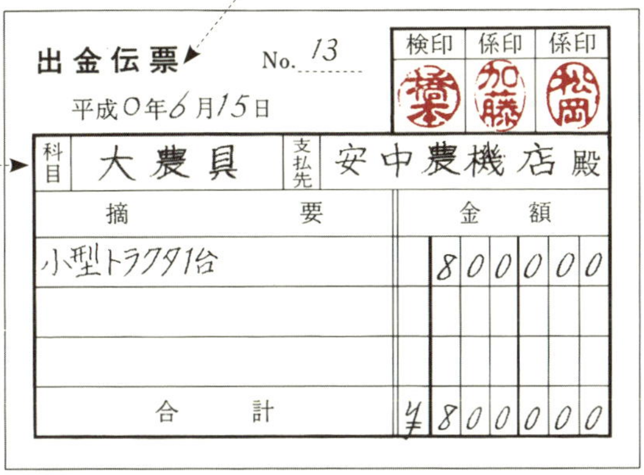

図7　出金伝票の起票法
注．出金伝票は，青色で印刷されている。

| 振替伝票 | 入金・出金取引以外の取引は，振替伝票を起票する。記入法は，仕訳伝票と同じである。例28をもとに振替伝票の起票法を図8に示す❷。

❷一つの取引に，入金・出金と，それ以外の取引とが同時に含まれている場合，入金・出金取引は入金・出金伝票に，それ以外の取引は振替伝票に分けて，別々に起票する。

例28 次の例をもとに，振替伝票を起票してみよう。

6月17日　大泉資材店に対する買掛金￥50,000を小切手#5を振り出して支払った（伝票番号29）。

　（借）買掛金　　50,000　　（貸）当座預金　　50,000

図8　振替伝票の起票法
注．振替伝票は，青色または黒色で印刷されている。

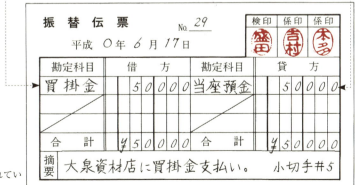

伝票の転記と仕訳集計表の作成

3伝票制も，仕訳伝票と同様に1枚ずつ総勘定元帳へ転記する。これを**個別転記**という。しかし，伝票の枚数が多いと，個別転記では転記の回数が増え，手数や時間がかかる。そこで，毎日・毎週または月末などに，伝票の金額を仕訳集計表に集計してから，総勘定元帳に合計金額で転記する。これを**合計転記**という（図9）。

図9 合計転記の流れ

仕訳集計表の作成は，図10のように行う。

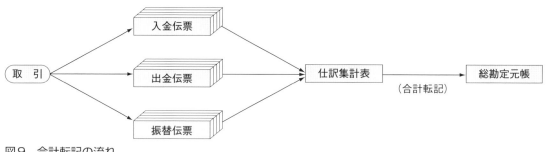

①入金伝票の金額を集計して，仕訳集計表の現金勘定の借方に記入する。
②出金伝票の金額を集計して，仕訳集計表の現金勘定の貸方に記入する。
③振替伝票の借方票と出金伝票の金額を，各勘定科目別に分類・集計して，仕訳集計表の各勘定科目の借方に記入する。
④振替伝票の貸方票と入金伝票の金額を，各勘定科目別に分類・集計して，仕訳集計表の各勘定科目の貸方に記入する。
⑤仕訳集計表の借方・貸方の金額を合計し，貸借の金額が一致することを確かめる。
⑥仕訳集計表の各勘定科目の金額を，総勘定元帳に転記する。総勘定元帳の摘要欄には，仕訳集計表と記入する。

図10 仕訳集計表の作成法

3 農産物の原価計算

目標
・原価計算は，農業経営の内部活動の記録・計算であることを理解する。
・原価計算のしくみについて理解する。
・原価計算を行う場合の簿記について理解する。

1 農業経営と原価計算

経営の内部活動の記録・計算

農業経営は，資材を仕入れるなどの購買活動・生産活動，農産物の販売活動からなりたっている。このうち，購買活動と販売活動は外部の取引先とつながる活動であり，**外部活動**といわれる。これに対して，生産活動は経営体の内部で行われる**内部活動**である。

原価計算

内部活動である生産活動について原価計算を行い，それによって得られたデータをもとに簿記を行えば，農業経営にとって，より有用な資料を得ることができる。

原価計算とは，農産物を生産するためにかかった費用を計算する手続きである。たとえば，野菜の生産には，種苗や肥料などの材料❶が必要であるが，この材料費はいくらなのか，また野菜をつくる人の労務費や，電力料などの経費はいくらかかったのか，そして最終的には全部でいくら費用がかかったのかなどを計算する。このような計算手続きが原価計算である。

❶材料とは，これまで学んできた生産資材のことである。原価計算では，材料ということが多い。

2 原価の意味

生産原価

原価ということばには，次のような二つの意味がある。

その一つは，「農産物を生産するためにかかった費用」という意味で，この場合の原価を **生産原価** という。

もう一つは，この生産原価に **販売費❶** と **一般管理費❷** を加えた **総原価** である。なお，原価計算で原価という場合は，ふつう生産原価を意味する。

❶農産物の販売のためにかかった費用のこと。
❷農業経営全般の管理のためにかかった費用のこと。

図1　原価の二つの意味

例1　次の資料から生産原価と総原価を計算してみよう。

〈資料〉
①農産物Aを生産するためにかかった費用
　材料費 ¥100,000　労務費 ¥70,000　経費 ¥60,000
②農産物Aのためにかかった販売費と一般管理費
　販売費 ¥20,000　一般管理費 ¥4,000

〈解答〉
生産原価 ＝ ¥100,000 ＋ ¥70,000 ＋ ¥60,000 ＝ ¥230,000
総 原 価 ＝ ¥230,000 ＋ ¥20,000 ＋ ¥4,000 ＝ ¥254,000

非原価項目

上の例でわかるとおり，生産原価に含めるのは，農産物の生産に要した費用であり，総原価には，さらに農産物の販売や農業経営全般の管理のために要した費用も含める。したがって，農産物の生産や販売，農業経営全般の管理に関係しない費用は，原価に含めない。このような費用のことを **非原価項目❸** という。

❸たとえば，支払利息や台風など異常な原因による損失などである。

3 原価要素の分類

農産物の原価(生産原価)は，いくつかの要素によって構成されている。この原価を構成する要素を **原価要素** という。原価要素は，さまざまな観点から次のように分類することができる。

発生形態による分類　原価要素は，その発生形態によって，材料費・労務費・経費に分類される。この三つの要素のことを，とくに **原価の3要素** という。

■**材料費**　農産物の生産のために材料を使った(消費した)とき，その消費高を **材料費** という。材料費には，たとえば，種苗費・肥料費・飼料費などがある。

■**労務費**　農産物の生産のために労働力を消費したとき，その消費高を **労務費** という。労務費には，たとえば，雇人費などがある。

■**経費**　農産物を生産するためにかかった費用のうち，材料費・労務費以外の原価要素を **経費** という。経費には，たとえば，電力料・水道料・減価償却費・租税公課などがある。

農産物との関連による分類　原価要素は，特定の農産物との関連によって，**生産直接費** と **生産間接費** に分類される。

■**生産直接費**　特定の農産物を生産するためにだけ消費され，その農産物の原価として直接集計することができる原価要素を生産直接費という。生産直接費はさらに，**直接材料費・直接労務費・直接経費** に分類される。

生産直接費には，たとえば，次のようなものがある。

(1) **直接材料費**：特定の農産物の生産に，直接消費した種苗・素畜の消費高。

(2) **直接労務費**：特定の農産物の生産に，直接たずさわった雇人の労務費。

(3) **直接経費**：特定の農産物の生産に，直接消費した電力料。

なお，生産直接費を特定の農産物に集計する手続きを **賦課**(ふか) という。

■**生産間接費** 各種の農産物を生産するために共通に消費され，特定の農産物の原価として直接集計することができない原価要素を生産間接費という。生産間接費はさらに，**間接材料費・間接労務費・間接経費**に分類される。

生産間接費には，たとえば，複数の種類農産物の生産にたずさわった雇人の労務費などがある。

生産間接費は生産直接費と違い，各種の農産物について共通に発生するため，特定の農産物に直接集計することができない。そこで，ある一定の基準によって，生産間接費を各農産物に配分する手続きが必要になってくる。この配分する手続きを**配賦**という。

ここで，これまでに学習した生産原価および総原価の構成を図3に示す。

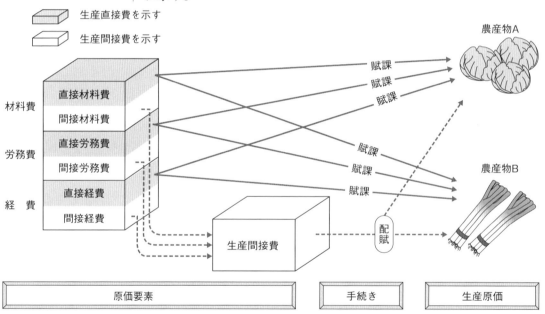

図2 原価要素と生産原価との関係

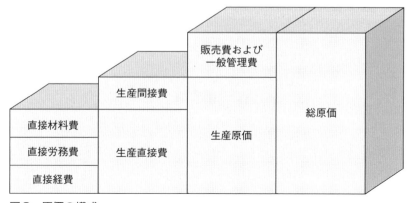

図3 原価の構成

生産量との関連による分類

原価要素は，一定規模のもとで生産量との関連によって，**固定費・変動費・準固定費・準変動費**に分類される。

■**固定費** 生産量の変動にかかわりなく，1期間の発生総額が一定している原価要素をいう。たとえば，減価償却費・保険料・賃借料・租税公課などである。

■**変動費** 生産量の変動にともなって，その発生総額も比例的に増減する原価要素をいう。たとえば，直接材料費などである。

■**準固定費** ある範囲内の生産量の変動では固定化しているが，その範囲をこえると急増し，再び一定の範囲内で固定化する原価要素をいう。たとえば，監督者の給料がある。

■**準変動費** 生産量がゼロでも一定額が発生し，その後生産量の増減に比例して変動する原価要素である。たとえば，電力料などがある。

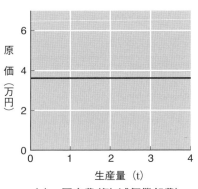
(a) 固定費（例：減価償却費）

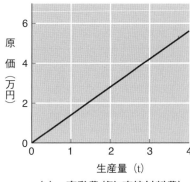
(b) 変動費（例：直接材料費）

図4 固定費と変動費

4 簡単な例による原価計算

原価計算を行うためには，原価要素を集計するための**原価計算表**❶が必要である。

原価計算表には，原価要素を生産直接費（直接材料費・直接労務費・直接経費）と，生産間接費に分けて記入する。そして，記入した各欄の金額を集計して，生産原価を求める。

❶ここでは学習の便宜上，略式のものを示す。

例2 次の資料から，原価計算表を作成し，野菜Aと，野菜Bの生産原価を計算してみよう。

　①材料費 ¥10,000,000
　　直接材料費 ¥9,000,000
　　　（野菜A ¥5,000,000　野菜B ¥4,000,000）
　　間接材料費 ¥1,000,000
　②労務費 ¥7,000,000
　　直接労務費 ¥5,000,000
　　　（野菜A ¥2,000,000　野菜B ¥3,000,000）
　　間接労務費 ¥2,000,000
　③経　費 ¥3,000,000
　　直接経費 ¥1,000,000
　　　（野菜A ¥500,000　野菜B ¥500,000）
　　間接経費 ¥2,000,000
　④生産間接費 ¥5,000,000は，野菜Aに60％，野菜Bに40％の割合で配賦する。

野菜A　　　　　　　　原　価　計　算　表

直接材料費	直接労務費	直接経費	生産間接費	生産原価
5,000,000	2,000,000	500,000	3,000,000	10,500,000

野菜B　　　　　　　　原　価　計　算　表

直接材料費	直接労務費	直接経費	生産間接費	生産原価
4,000,000	3,000,000	500,000	2,000,000	9,500,000

野菜Aの生産間接費 ¥5,000,000 × 60％ ＝ ¥3,000,000
野菜Bの生産間接費 ¥5,000,000 × 40％ ＝ ¥2,000,000

5 原価計算と勘定の振替関係

原価計算に特有な勘定科目

原価計算に特有な勘定科目は次の三つに大別され、それらの振替関係を示すと、図5のようになる。

1) 原価要素の勘定：材料勘定・労務費勘定・経費勘定
2) 原価要素集計の勘定：生産勘定・生産間接費勘定
3) 農産物の増減を処理する勘定：生産物勘定

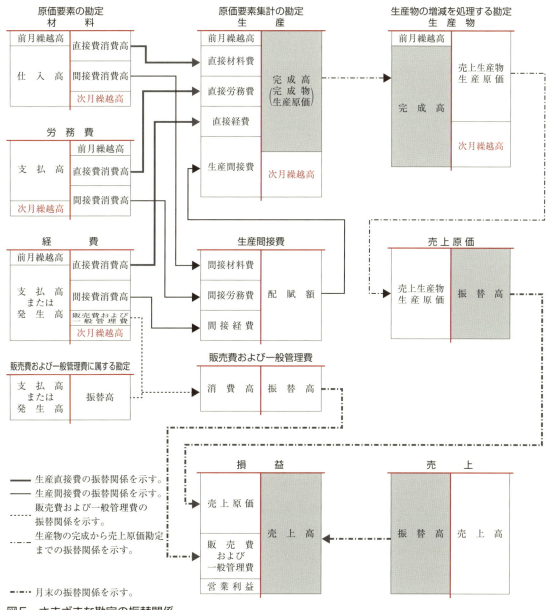

図5　さまざまな勘定の振替関係

原価計算を前提とした記帳例

原価計算から得られたデータを記帳する例を示すと，次のようになる。

〔記帳の前提〕

① 総勘定元帳は，損益勘定以外はすべて締め切る。
② 帳簿の日付欄には，取引例題の番号を示す。
③ 材料仕入以外の支払いは，すべて小切手を振り出している。

〔資料〕

1. 大泉園芸の平成○年4月1日の貸借対照表は，次のとおりである。

貸 借 対 照 表

大泉園芸　　　　　　　平成○年4月1日

資　産	金　額	負債および純資産	金　額
当 座 預 金	500,000	資　本　金	1,000,000
材　　　料	100,000		
大 農 具	400,000		
	1,000,000		1,000,000

2. 大泉園芸の4月中の取引は，次のとおりである。

　(1) 材料掛仕入高　¥700,000
　(2) 材料消費高
　　　直接材料費　¥600,000
　　　（野菜A ¥400,000　野菜B ¥200,000）
　　　間接材料費　¥80,000
　(3) 労務費支払高　¥300,000
　(4) 労務費消費高
　　　直接労務費　¥250,000
　　　（野菜A ¥150,000　野菜B ¥100,000）
　　　間接労務費　¥50,000
　(5) 経費支払高　¥180,000
　(6) 経費消費高
　　　直接経費　¥20,000
　　　（野菜A ¥10,000　野菜B ¥10,000）
　　　間接経費　¥60,000
　　　販売費および一般管理費　¥100,000

(7) 生産間接費配賦額　¥190,000

　　　（野菜Ａ ¥140,000　野菜Ｂ ¥50,000）

(8) 野菜Ａの完成物生産原価　¥700,000

(9) 生産物掛売高　¥1,000,000

(10) 売上生産物生産原価　¥700,000

(11) 売上高　¥1,000,000を損益勘定に振替

(12) 売上原価　¥700,000を損益勘定に振替

(13) 販売費および一般管理費　¥100,000を損益勘定に振替

〔使用する帳簿〕

1. 仕訳帳
2. 総勘定元帳

　　開設口座

　　　1. 当座預金　　2. 売　掛　金　　3. 生　産　物
　　　4. 材　　料　　5. 大　農　具　　6. 買　掛　金
　　　7. 資　本　金　　8. 労　務　費　　9. 経　　費
　　　10. 生　　産　　11. 生産間接費　　12. 売　　上
　　　13. 売上原価　　14. 販売費および一般管理費　　15. 損　　益

仕　訳　帳　　　　　　　　　　　　　　　1

平成〇年		摘　　要	元丁	借　方	貸　方
4	1	前月繰越	✓	1,000,000	1,000,000
	(1)	（材　料）	4	700,000	
		（買　掛　金）	6		700,000
		材料仕入高			
	(2)	諸　　口　　　（材　料）	4		680,000
		（生　産）	10	600,000	
		（生産間接費）	11	80,000	
		材料消費高			
	(3)	（労　務　費）	8	300,000	
		（当座預金）	1		300,000
		労務費支払高			
	(4)	諸　　口　　　（労　務　費）	8		300,000
		（生　産）	10	250,000	
		（生産間接費）	11	50,000	
		労務費消費高			
		次ページへ		2,980,000	2,980,000

仕 訳 帳

2

平成○年	摘要	元丁	借方	貸方
	前ページより		2,980,000	2,980,000
(5)	（経　費）	9	180,000	
	（当座預金）	1		180,000
	経費支払高			
(6)	諸　口　　（経　費）	9		180,000
	（生　産）	10	20,000	
	（生産間接費）	11	60,000	
	（販売費および一般管理費）	14	100,000	
	経費消費高			
(7)	（生　産）	10	190,000	
	（生産間接費）	11		190,000
	生産間接費配賦額			
(8)	（生 産 物）	3	700,000	
	（生　産）	10		700,000
	生産物完成高			
(9)	（売 掛 金）	2	1,000,000	
	（売　上）	12		1,000,000
	生産物掛売高			
(10)	（売上原価）	13	700,000	
	（生 産 物）	3		700,000
	売上生産物生産原価			
(11)	（売　上）	12	1,000,000	
	（損　益）	15		1,000,000
	生産物売上高を損益勘定に振替			
(12)	（損　益）	15	700,000	
	（売上原価）	13		700,000
	売上原価を損益勘定に振替			
(13)	（損　益）	15	100,000	
	（販売費および一般管理費）	14		100,000
	販売費および一般管理費を損益勘定に振替			
			7,730,000	7,730,000

野菜A　　　原 価 計 算 表

直接材料費	直接労務費	直接経費	生産間接費	生産原価
400,000	150,000	10,000	140,000	700,000

野菜B　　　原 価 計 算 表

直接材料費	直接労務費	直接経費	生産間接費	生産原価
200,000	100,000	10,000	50,000	

総勘定元帳

当座預金　1

平成○年		摘要	仕丁	金額	平成○年		摘要	仕丁	金額
4	1	前月繰越	✓	500,000	4	(3)	労務費	1	300,000
						(5)	経費	2	180,000
						30	次月繰越	✓	20,000
				500,000					500,000
5	1	前月繰越	✓	20,000					

売掛金　2

4	(9)	売上	2	1,000,000	4	30	次月繰越	✓	1,000,000
5	1	前月繰越	✓	1,000,000					

生産物　3

4	(8)	生産	2	700,000	4	(10)	売上原価	2	700,000

材料　4

4	1	前月繰越	✓	100,000	4	(2)	諸口	1	680,000
	(1)	買掛金	1	700,000		30	次月繰越	✓	120,000
				800,000					800,000
5	1	前月繰越	✓	120,000					

大農具　5

4	1	前月繰越	✓	400,000	4	30	次月繰越	✓	400,000
5	1	前月繰越	✓	400,000					

買掛金　6

4	30	次月繰越	✓	700,000	4	(1)	材料	1	700,000
					5	1	前月繰越	✓	700,000

資本金　7

4	30	次月繰越	✓	1,000,000	4	1	前月繰越	✓	1,000,000
					5	1	前月繰越	✓	1,000,000

総　勘　定　元　帳

労　務　費　　　　　　　　　　　　　　　8

平成○年	摘　要	仕丁	金　額	平成○年	摘　要	仕丁	金　額
4 (3)	当座預金	1	300,000	4 (4)	諸　口	1	300,000

経　費　　　　　　　　　　　　　　　9

4 (5)	当座預金	2	180,000	4 (6)	諸　口	2	180,000

生　産　　　　　　　　　　　　　　　10

4 (2)	材　料	1	600,000	4 (8)	生産物	2	700,000
(4)	労務費	〃	250,000	30	次月繰越	✓	360,000
(6)	経　費	2	20,000				
(7)	生産間接費	〃	190,000				
			1,060,000				1,060,000
5　1	前月繰越	✓	360,000				

生　産　間　接　費　　　　　　　　　　　　　　11

4 (2)	材　料	1	80,000	4 (7)	生　産	2	190,000
(4)	労務費	〃	50,000				
(6)	経　費	2	60,000				
			190,000				190,000

売　上　　　　　　　　　　　　　　　12

平成○年	摘　要	仕丁	金　額	平成○年	摘　要	仕丁	金　額
4 (11)	損　益	2	1,000,000	4 (9)	売掛金	2	1,000,000

売　上　原　価　　　　　　　　　　　　　　13

4 (10)	生産物	2	700,000	4 (12)	損　益	2	700,000

販売費および一般管理費　　　　　　　　　　　　14

4 (6)	経　費	2	100,000	4 (13)	損　益	2	100,000

損　益　　　　　　　　　　　　　　　15

4 (12)	売上原価	2	700,000	4 (11)	売　上	2	1,000,000
(13)	販売費および一般管理費	〃	100,000				

第5章 農業経営の診断と設計

1 農業経営の診断
2 農業経営の設計

よりよい生産技術について
指導を受ける生産者

病害虫の防除について
指導を受ける若手生産者

1 農業経営の診断

目標
- 農業経営診断の大切さと，診断のポイントを理解する。
- 農業経営診断のためのさまざまな指標を理解する。
- 農業経営診断の手順と方法を理解し，自分で診断してみる。

1 農業経営診断の進めかた

マネジメントサイクル

農業経営とは，ある目的をもって，農畜産物の生産・飼養・販売などの事業を継続的に行うことである。ある作物をこの量だけ生産・販売するという目標を設定した場合，その目標を達成できるように実行計画を立てる。立案した計画に従って，実際に必要なだけの農業資材を購入したり，一定面積の圃場に作物を作付けしたりする。最終的には，生産物を販売し，損益計算書や貸借対照表などによって，経営の利益や財政状態を把握する。そして，経営成果を診断し，必要に応じて改善を加え，次の計画を立てる。

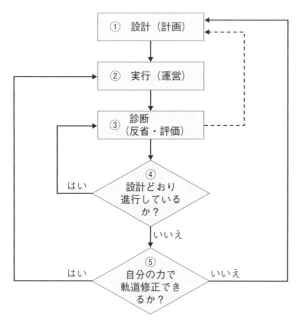

1) 計画を立てて，それを実行に移す（①→②）。
2) データを把握し，診断する（②→③）。
3) データを分析し，計画どおり目標に向かって進行しているか確かめる（③→④）。
4) 予定通り進行している場合は，おこたらずに診断を続ける（④→③）。
5) 計画どおり進行していないが，軌道を修正すると目標が達成できる。一部，計画を修正して実行に移す（⑤→②）。
6) 計画どおり進行してなく，自分の力では修正できないので，計画を初めから練り直す（⑤→①）。

点線は，経営（マネジメント）が，診断→設計→実行→診断の繰り返しであることを示す。
図1　マネジメントサイクルの流れ（フローチャート）

このように，農業経営は，設計（計画）—実行（運営）—診断（反省・評価）の繰り返しで進められる。この繰り返しを**マネジメントサイクル**といい，農業にかぎらず，さまざまな事業においても広く活用されている。

　マネジメントサイクルの基本的な流れは，図1のとおりであるが，このサイクルは1度で終わるものではなく，経営が続くかぎり，何度も繰り返されることが，経営改善にとって重要である。

実態を正しくつかむ

　たとえば，人間のからだの状態は，身体測定や健康診断を受けて，体重や血圧など何らかの数値でみることができる。また，こうした数値の記録があれば，からだの状態がどのように変化してきたかも把握できる。これと同様に，経営の状態も，数字として把握することができる。

　農業経営の数値や記録は，生産記録や貸借対照表，損益計算書といった財務諸表などである（図2）。こうした経営の記録がなく，記憶などにたよるあいまいな数値を使った経営診断をしていると，誤った診断を下しやすい。近年の農業経営は，大規模化し，取り扱う金額が大きくなっているため，あいまいなデータは許されない。

　したがって，経営内容の記録をきちんととることが大切であり，経営診断を行ううえでの前提である。記帳していない場合には，調査を行い，経営の実態を明らかにする必要がある。

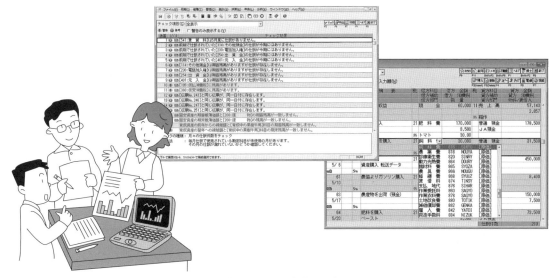

図2　コンピュータソフトによる経営管理（農業簿記，生産記録）

経営診断は何のために

農業経営の診断とは，財務諸表などのデータを用いて，経営の成果や財政状態が，よいか悪いかを判断し，その原因を明らかにすることである。経営診断には，だれが何のためにするかによって，2通りある。

一つは**内部診断**である。これは，経営者など経営の内部にいる者が行い，経営の現状や問題点を知り，次年度以降の経営改善の糸口をみつけ，解決方法を見出すために行う。改善策をつくることが，次節で学ぶ経営設計（計画）である。
(→p.232)

もう一つは**外部診断**である。これは，その経営と取引のある金融機関や取引先など，経営の外部にいる者が，取引の安全などを確認するために行う。農業経営の場合，普及指導センターや農協などの営農指導者が，アドバイスのために外部診断を行うことも多い。

なお，経営改善のための診断には，①計画と照らし合わせて経営が順調に進んでいるかを比較的細かく調べ，運営上の問題点と解決法をみつけ出すやりかたもあれば，②規模拡大や新しい作物の導入など，経営計画自体を大きく修正することができるかどうかを判断するために，必要な情報を得るやりかたもある。

経営診断の手順

農業者は，経営の実態を正しくつかみ，それを分析・評価して経営診断を進める（図3）。経営診断は，ふつう，収益性の診断から始める。経営活動の成果は，最終的には，すべて収益としてあらわれており，収益は，経営の総合的な力をあらわしたものとみることができるからである。このため，収益性の診断は，**経営の総合診断**とよばれる。

次に，経営活動全体を生産・販売・購買など各部分に分けて，それぞれについて診断する**部分診断**を行う。これによって，収益性のよしあしの原因がどこにあるかを，具体的につきとめることができる。部分診断に基づいて，問題点を発見・整理し，改善設計を立てる。

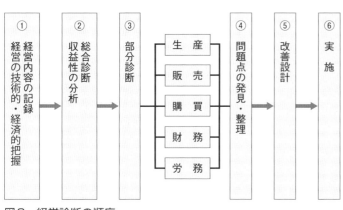

図3　経営診断の順序

たとえば，図4のように，原因と結果の筋道(すじみち)を立てて，利益(所得)がどうしていつもの年よりも少なかったのか，掘り下げていくとわかりやすい。この例での診断手順は，次のとおりである。

1) 農業粗収益の現状と大まかな理由を考えてみる

まず最初に，農業粗収益についてチェックする。所得が少なかったのは，粗収益が少なかったためか，それとも農業経営費が大きかったためか，どちらかに理由があると考えられる。

もし，粗収益が少なくなっているならば，その原因をさぐること(図4-②)とし，反対に粗収益が多いのならば，農業経営費が大きかった原因をさらにさぐっていくこと(図4-③)になる。

2) 農業粗収益の少なさの原因をさぐってみる

農業粗収益が少なくなった原因には，単位あたり生産額，単位あたり生産量(**単収**)，生産物の販売単価，経営規模，のいずれかに問題があると考えられる。それらの原因を順にみていけばよい。

もし，単位あたり生産額(単収 × 販売単価)が多いならば，規模が小さいことが問題であるとわかるため，規模拡大が改善の方策(図4-②b)である。そうではなく，単位あたり生産額が少ないならば，単収が少ないかどうかをチェックする。単収が低いならば，生産方法の改善が解決の方向(図4-④b)である。

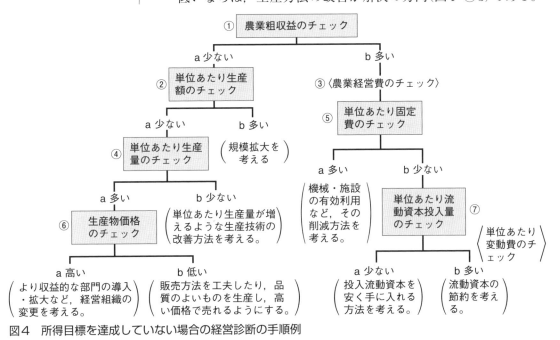

図4　所得目標を達成していない場合の経営診断の手順例

単収に問題がないならば，販売単価をチェックする。もし，単価が低いならば，生産物の品質向上や販売方法の工夫によって高い販売単価の実現に取り組む(図4-⑥b)。単価が高いならば，経営組織の変更を考えていくこと(図4-⑥a)になる。

3) 農業経営費がかかりすぎている原因をさぐってみる

物財費(肥料，農薬，飼料など)，機械などの減価償却費，通信費，研修費，販売費，支払地代・支払利子・雇人費といった，すべての農業経営費について，費用がかかりすぎている原因がどこにあるかを調べる。そのさい，費用を固定費と変動費に分け，面積など単位あたりの数値で示しておくと，原因をチェックしやすい。

もし，減価償却費などの固定費が高い場合には，その有効利用をはかり(図4-⑤a)，固定費の削減につとめる。固定費が少ない場合は，変動費を調べる(図4-⑦)。生産資材費などの変動費は，投入量と購入単価を掛けたものなので，どちらに問題があるかを調べる。もし投入量が少なければ，高い価格で仕入れていることが問題なので，調達方法をみなおす(図4-⑦a)。投入量が多ければ，節約を考える(図4-⑦b)。

以上からわかるように，経営成果には，経営規模，生産技術，販売・購買にかかわる手腕(**経営技術**)，生産物や資材の市場価格が関係している。それらをチェックすることが，**経営診断の要点**である。経営規模と経営技術は，経営者や従業員の努力によって管理できるので，**内部要因**ということができる。これに対して，生産物の市場価格は，経営の成果に影響を与える**外部要因**である(図5)。

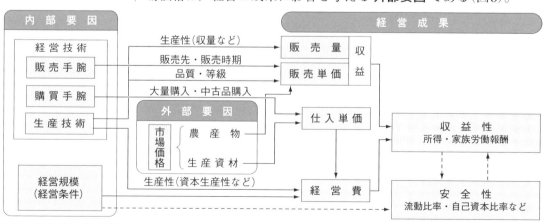

図5　農業経営の成果と，それらを左右する要因

2 経営診断の手法と指標

経営診断の手法

経営実態の分析・評価は、さまざまな診断指標を用いて行われる。診断指標は、大きく分けて2種類ある（図6）。

一つは、**実数法** で、実績数値をそのまま用いる方法である。たとえば、利益の大きさ、売上・生産量といった、経営の量が把握できる。

もう一つは、**比率法** である。ある項目の実績数値と、ほかの項目の実績数値との相対的な比率を求める方法である。たとえば、経営の効率性や利益率といった、経営の質を把握するのに適している。

さらに、それぞれの診断指標を、何かと比較・分析することで、さまざまな経営診断ができる。

1) **自分の過去と比べる**：自分の農業経営における、今年度の成績と過去の実績とを比較・分析する。これを **年次間比較** という。過去数年間のデータがあれば、基本的な経営の推移と問題点がわかる。

2) **ほかの経営と比べる**：地域全体の農業経営を、経営組織別や経営成果別、または、規模別などにグループ分けし、それぞれのグループごとに算出された各指標の平均値とを比較・分析する。これを **経営間比較** といい、自分の経営の位置づけがわかる。ただし、他経営の数値はなかなか手にはいりにくい。

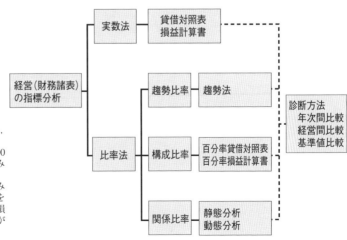

趨勢比率：基準年次の項目の数値を100とし、その趨勢（成り行き）をみる。
構成比率：資産合計や売上高などの数値を100とし、それを構成する項目の割合をみる。
関係比率：ある項目と他の項目との比率をみる。貸借対照表の項目間だけの関係をみるのが **静態分析**、貸借対照表と損益計算書の項目間の関係をみるのが **動態分析**。

図6 経営診断指標の種類

3) **お手本と比べる**：農業経営に関する理論値や試験研究成績などを参考にして，代表的なモデル経営を想定し，その基準値を用いて，比較・分析する。これを **基準値比較** といい，望ましい水準に向けた経営改善や設計の手がかりを考えることができる。ただし，理論と現実が一致しないことがあったり，基準として自分の条件に近いものを利用しなければならなかったりと注意が必要である。

具体的に，どのような指標を用いるかは，診断する農業経営のかたちや農業経営組織によって違い，何を中心として診断するかによっても異なる。一般的な診断指標は，次のとおりである。

経営成果をはかる指標　経営成果に関する指標は，経営の力を総合的に示したものである。家族経営では，農業所得や家族労働報酬（ほうしゅう）などの指標を用いる。

前に学んだように，農業所得は自分が提供した**労働**（→p.48）だけでなく，**土地・資本**を合わせた3要素に対する報酬であり，**混合所得**である。**家族労働報酬**は，家族労働の成果をあらわす指標である。これらの指標を次のような式で求め，経営の収益性を判断する。

$$農業所得率(\%) = \frac{農業所得 \,(\rightarrow\text{p.224})}{農業粗収益} \times 100 \quad \cdots\cdots(1)$$

表1　おもな農産物の所得と所得率

作目[1]	粗収益(円)	農業所得(円)	所得率(%)
水稲	108,800	26,500	24.4
トマト[2]	3,151,000	1,398,000	44.4
キャベツ[3]	396,000	211,000	53.3
ミカン	420,000	139,000	33.1
リンゴ	413,000	180,000	43.6
乳用牛	718,700	125,300	17.4
肉用牛	948,900	39,800	4.2
肉用豚	34,900	4,800	13.8

1) 作物は10aあたり，畜産部門は1頭あたりの数値。
2) 冬・春ハウス加温　3) 春どりキャベツ

農業所得率は、農業粗収益のどれくらいの割合が所得になっているかをみる指標である。一般に、畜産のような資本集約的部門では低く❶、野菜や果樹のような労働集約的部門では高い（表1）。このように、部門によって望ましい農業所得率は異なるが、同じ部門の成果を比べるときの指標としては、非常に有効である。

$$単位時間あたり家族労働報酬 = \frac{家族労働報酬}{家族労働時間} \quad \cdots\cdots(2)$$

単位時間あたりの家族労働報酬を、地域の賃金水準と比べると、ほかの産業と同じくらいの報酬が得られているかどうかが、判断できる（図7）。

$$経営耕地10\,aあたり農業所得 = \frac{農業所得}{経営耕地面積(a)} \times 10 \cdots(3)$$

この指標によって、作目ごとの収益性を知ることができれば、部門を選ぶ場合などの判断に役立つ。

なお、企業的な農業経営の場合、経営成果の大きさは**農企業利潤**（当期純利益）（→p.227）などでみる。その収益性をはかる指標としては、資本利益率や売上高利益率（→p.227）などが有効である。

❶養鶏などは、所得率は低いが、事業規模を大きくすることによって高い収益をあげるタイプの経営部門である。一方、労働集約的部門は、規模を追求しにくい。したがって、所得率の高低だけで、収益性は判断できない。

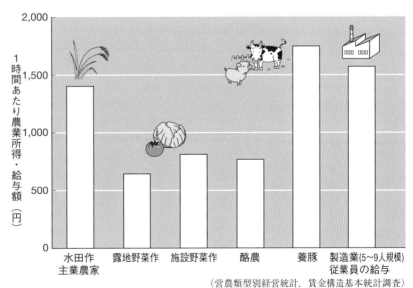

図7　1時間あたりの農業所得および製造業給与（2008年）

（営農類型別経営統計、賃金構造基本統計調査）

1　農業経営の診断

| 経営規模をはかる指標 | 経営規模は，ふつう，経営耕地面積や飼育頭・羽数を用いてはかる。ただし，経営組織が異なる経営の規模を比べる場合には，共通の基準となる農産物販売額，総投下資本や従業員数，あるいは，総生産労働単位（表2）などを指標として用いる。

| 集約度をはかる指標 | 一定の経営耕地面積に，どれくらいの労働や資本が投下されているかを示す指標が，集約度である。これは，ふつう10aあたりであらわされる❶。

❶畜産部門の場合は，牛乳1kg，1頭あたりでみる。
❷データが得やすいため，農業経営費や生産費を用いて計算することもある。

$$集約度 = \frac{労働費 + 物財費 + 経営資本利子❷}{経営耕地面積(a)} \times 10 \quad \cdots\cdots(4)$$

| 生産性をはかる指標 | 経営に投入された生産要素が，生産に対してどれくらい経済的に効率よく働いたかをみるには，**生産性指標**が適している。労働の効率は労働生産性，土地の効率は土地生産性，資本の効率は資本生産性である。これらの生産性は，次のような指標であらわされる。

$$労働生産性 = \frac{農業純生産(付加価値)}{農業投下労働時間または労働従事者数} \quad \cdots\cdots(5)$$

$$土地生産性 = \frac{農業純生産}{経営耕地面積(a)} \times 10 \quad \cdots\cdots(6)$$

$$資本生産性 = \frac{農業純生産}{投下資本額} \quad \cdots\cdots(7)$$

| 生産技術をはかる指標 | 生産性（**生産効率**）は，生産技術に左右される。生産技術をみる指標には，次のようなものがある。

表2 総生産労働単位の計算例

生産労働単位とは，各作目について，その地域の標準的な投下労働時間を基準として投下労働単位を計算し，経営全体の経営規模を投下労働時間であらわした単位である。総生産労働単位は，経営の労働集約度をも示している。ここでは，総生産労働単位はⓔの値の合計で535となる。

作目	標準投下労働時間 Ⓐ（10aあたり）	1日の標準労働時間 Ⓑ	単位あたり生産労働単位 Ⓒ＝Ⓐ/Ⓑ	その農家の規模 Ⓓ	生産労働単位 Ⓔ＝Ⓒ×Ⓓ/10
水稲	24.0 時間	8.0 時間	3.0	120.0 a	36
コムギ	4.8	8.0	0.6	50.0	3
サツマイモ	64.0	8.0	8.0	20.0	16
施設キュウリ	1,096.0	8.0	137.0	10.0	137
ミカン	232.0	8.0	29.0	70.0	203
乳用牛[1]	112.0	8.0	14.0	10 頭	140

1) 乳用牛の場合は，搾乳牛1頭あたり。したがって，Ⓔ＝Ⓒ×Ⓓで計算している。

$$10\,\text{a あたり収量} = \frac{総収量}{作付面積(a)} \times 10 \quad \cdots\cdots(8)$$

$$1\,\text{頭・羽あたり生産量} = \frac{牛乳・子豚・鶏卵などの生産量}{飼育頭・羽数} \quad \cdots(9)$$

$$1\,\text{人あたり作付面積(頭・羽数)} = \frac{作付面積(飼育頭・羽数)}{労働従事者数} \quad \cdots(10)$$

　このほか,複合経営全体としての生産効率をみる場合には,共通の指標として,**作物収量指数** が用いられることがある(表3)。

> **販売・購買手腕をはかる指標**

販売・購買の手腕は,市場での平均単価と自己の経営で実現された単価などと比べることによって判断できる。

> **財政状態をはかる指標**

資産内容の構成と,資産の調達資金の構成からみて,借入金の返済能力(支払能力)や経営の安全性が,どのような状況にあるかを判断するのが,経営の財政状態をはかるということである。

　資産は,大きくは**固定資産**と**流動資産**に分けられる。固定資産よりも流動資産の多いほうが現金化しやすいため,返済の面では望ましい。この望ましい状態にあることを,**流動性が高い**という。資産の流動性が高いと,借入金の返済能力が高いことを意味する。

　また,返済の必要な負債が少ないほうが,経営にとっては望ましい。負債の中では,1年以内に返済しなければならない流動負債より,1年以上先に返済すればよい固定負債の多いほうが,経営にとっての**安全性が大きい**。こうした,財政状態をはかる指標には,流動比率・自己資本比率などがある。
(→ p.228)

表3　作物収量指数

地域(県や市町村)の10aあたり標準収量Ⓐに対する,個々の農家の収量や栽培面積で算出する。
これらの指数は,作物の生産効率を一つひとつではなく,全体を総合したものとして比較する場合に用いる。

作物収量指数 $= \dfrac{30,380}{285} \fallingdotseq 106.6$

作　物	標準収量Ⓐ	調査農家の収量Ⓑ	収量指数 Ⓒ $= \dfrac{Ⓑ}{Ⓐ} \times 100$	栽培面積Ⓓ	粗収益指数 Ⓔ $= Ⓒ \times Ⓓ$
水　稲	500　kg/10a	540　kg/10a	108.0	150　a	16,200
コムギ	400	408	102.0	50	5,100
ハクサイ	7,000	6,510	93.0	20	1,860
リンゴ	2,500	2,800	112.0	35	3,920
ミカン	3,000	3,300	110.0	30	3,300
計	－	－	－	285	30,380

③ 家族経営の分析と診断

分析の手順

家族経営の場合，農業所得が経営目標とされるため，それが多いか少ないかが，収益性のよしあしとみなされる。農業所得は，すでに学んだように，次の式で求められる。

　　農業所得 ＝ 農業粗収益 － 農業経営費　　………(11)

したがって，経営診断は，農業所得が例年あるいは地域平均などと比べ，多いか少ないかを調べ，その要因となる農業粗収益と農業経営費について点検することから始まる。

農業粗収益と農業経営費は，それぞれ次の式で求められる。

　　農業粗収益 ＝ 生産量 × 販売単価　　………(12)
　　生産量 ＝ 経営規模❶ × 単位規模❷あたり生産量　　………(13)
　　農業経営費 ＝ 物財費 ＋ 雇用労働費 ＋ 支払地代 ＋ 支払利子　…(14)
　　物財費 ＝ 経営規模 × 単位規模あたり物財投入量 × 物財単価 …(15)

このように，農業所得を決定している要因を，次々と細かく分解し，チェックしていく。表4は，その具体例である。

収益性分析

収益性は，前に学んだ農業所得率や家族労働報酬の指標で判断する。農業所得率は，高いほうがよい。家族農業経営の目的は，農業に従事することによって幸せな暮らしを送ることにある。そのため，農業所得は，生活費を十分まかなっていなければならないし，家族労働報酬❸は，一般の労賃水準に達している必要がある。

技術分析

表4をみると，要因のチェックは，最終的には，生産技術，販売・購買手腕を点検することにほかならないことがわかる。こうしたチェックをきちんと行うためには，簿記や農作業日誌などの記録簿が不可欠である。「記録を丹念につけることが経営改善に直結した」という事例は，しばしばみられる。農場の1区画の中でも，土壌条件が異なるにもかかわらず，同じ施肥を続けてきたことが，その区画の平均収量が低い原因であったことに気づき，以後は，きめ細かな土壌検査による土地管理を行った結果，肥料代はかわることなく，生産量が2割以上増大したなどの例もある。

---

❶総経営耕地面積または総頭・羽数。
❷面積または頭・羽数。
❸青色申告を用いて経営診断する場合，経営者以外の家族労働報酬は，費用の項目に含められるので，注意を要する。

表4　野菜生産のチェックリスト例

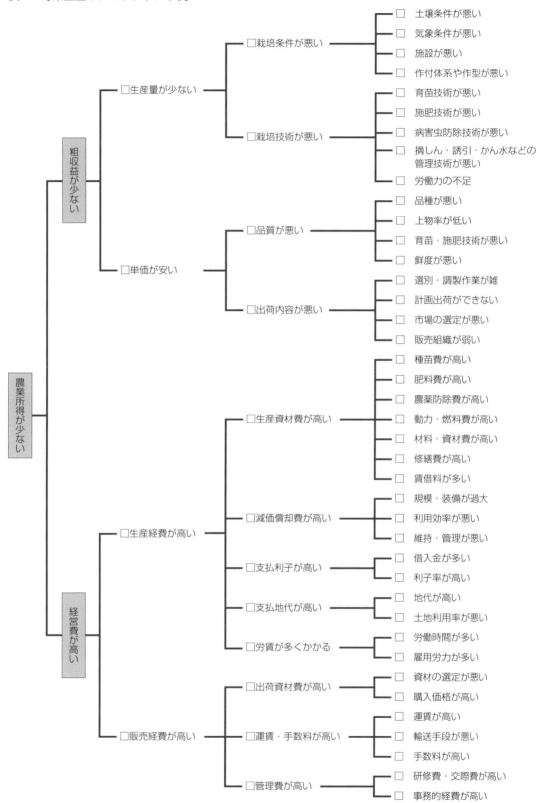

4 企業経営の分析と診断

財務諸表分析

企業経営の場合，財務諸表が作成されているので，それを用いた分析による診断ができる。財務諸表で重視されるのが，経営のある時点の財産状態をあらわす貸借対照表（表5）と，一定期間の経営成果をあらわす損益計算書（表6）である。経営診断は，おもに，財政状態と経営成果の両方を分析することによって行われる。

分析はいくつかの観点から行うが，ふつう，以下の四つである。

1) **収益性分析**：収益・利益（所得）の状況や投資効率などがわかる。
2) **生産性分析**：経営に投入された生産要素の利用効率性がわかる。
3) **安全性分析**：借入金の返済能力や財政状態のバランスがわかる。
4) **成長性分析**：時間の推移をともなった経営の成長力がわかる。

表5　貸借対照表　　　　　　　　　平成〇年12月31日

資産の部		負債・資本の部	
流動資産	当座資産：現金預金・売掛金・受取手形	流動負債	短期借入金・買掛金・支払手形
	棚卸資産	固定負債	長期借入金・各種引当金（退職引当金など）
固定資産	有形固定資産・無形固定資産（特許権・水利権など）	資本の部	資本金・剰余金（当期純利益の一部を蓄積したものなど）
	繰延資産（創立費など）		

運用形態 ← 資産の部　　　負債・資本の部 → 調達源泉

表6　損益計算書　　　　　　　　　　　　（平成〇年1月1日〜平成〇年12月31日）

費用		収益
営業費用	**売上原価** 生産（製造）にかかった費用の総計であり，種苗費・肥料費・農薬費・飼料費などの材料費・労務費・減価償却費・修繕費・賃借料などの経費からなる。	**売上高（営業収益）** 農産物の売上など，本来の営業活動で得られる収益。
	販売費及び一般管理費 荷造包装費・運賃・販売手数料など，販売にかかった費用が販売費である。 交通費・交際費・福利厚生費・事務費など，経営管理にかかった費用を一般管理費という。	
営業外費用 支払利子・農業共済掛金など，営業活動以外の原因で発生する費用。		**営業外収益** 受取利息・生産調整助成金・受取共済金など，本来の営業活動以外で得られる収益。
特別損失 固定資産の処分損など，臨時・特別に発生する費用。		**特別利益** 固定資産の処分益，施設導入補助金など，臨時・特別に発生する収益。
当　期　純　利　益		

それぞれの観点に基づく，おもな分析指標の算出式は表7に示したとおりである。また，これらの分析のほかに，売上と費用と利益の関係がわかる損益分岐点分析という方法もある。(→p.228)(→p.229)

利益のとらえかた

経営とは，資本金を元手に資産を調達し，それを運用❶して収益をあげ，利益をうみ出す行いである。利益が多く出れば，資本金を増やし，さらに多くの資産を調達できる。経営成果は，収益と費用との差額である **利益** で判断される。

企業会計の損益計算書では，勘定科目の性格に応じ，収益を売上高・営業外収益・特別利益の三つに，費用を **売上原価**❷・販売費および一般管理費・営業外費用・特別損失の四つに分けてあらわす（表6）。また，利益は，収益と差し引く費用の違いによって，売上総利益・営業利益・経常利益・当期純利益の，四つの種類に分けられる。このうち，当期純利益を一般に **利潤**(りじゅん) とよぶ。

売上総利益 ＝ 売上高(営業収益) － 売上原価　………(16)
営業利益 ＝ 売上総利益 － 販売費及び一般管理費　………(17)
経常利益 ＝ 営業利益 ＋ 営業外収益 － 営業外費用　………(18)
当期純利益 ＝ 経常利益 ＋ 特別利益 － 特別損失　………(19)

収益性分析

収益性分析は，経営の収益力を分析することである。このため，利益の大きさそのもののほかに，資本利益率と売上高利益率を計算し，利益が効率よくうみ出されているかどうか（**投資効率**）をみる。

資本利益率 は，元手（投下資本）を使って，どれだけの利益をあげたかをみる指標である。分母と分子に，それぞれどの資本と利益をとるかによって，さまざまな資本利益率の指標が求められるが，総資本経常利益率と自己資本当期純利益率がよく用いられる。この利益率は，高いほどよい。総資本経常利益率は，銀行の預金利息率を上回る必要がある❸。

また，**売上高利益率** は，一定の取引（売上高）で，どれだけの利益をあげているかをみる指標である。分子にとる利益によって，四つの利益率の状態を知ることができ，比率は高いほどよい。

---

❶費用として消費すること。

❷売上原価＝（期首生産物棚卸高＋期首仕掛品棚卸高＋材料費＋労務費＋経費）－期末仕掛品棚卸高－固定資産育成高－期末生産物棚卸高

❸経営に投資した利益と比べて，資本を銀行に預ける利息収入のほうが多くなれば，経営するよりも預金のほうが得である。

生産性分析

財務諸表から生産性を分析するには,資本回転率をみる。資本回転率は,投下資本に対する売上高の割合を示したものである。この指標は,投下資本が売上高によって回収される速度,つまり,資本の利用効率を示す。そのほかの生産性指標は,前に学んだものを用いる。
(→p.222)

安全性分析

経営の財産状態が,健全かどうかを判断する。おもに,次のような指標がある(表7,図8)。

1) **流動比率**:流動負債に対する流動資産の割合を示すもので,経営における借入金の返済能力(資金の流動性)をみる指標である。

2) **固定比率**:固定資産を,返済義務のない自己資本でどれだけまかなっているかをあらわす。長期的に,安定して固定資産を運用できるかどうかを判断する指標となる。

3) **自己資本比率**:総資本のどれだけを,自己資本でまかなっているかを示す指標である。この比率が高いほど,経営は安定的で,設備投資や新規事業へ取り組みやすくなる。

成長性分析

経営の成長力をみることが,成長性分析である。成長力は,長期にわたる売上高や利益の伸び率,あるいは,収益性や安全性についての,各指標の動きを追うことによって判断する。したがって,成長性分析には,少なくとも数年間の財務諸表が必要である。

表7 財務諸表の分析指標

観点	内容	判断
収益性	総資本総利益率(%) = 売上総利益 ÷ 総資本	↑
	総資本営業利益率(%) = 営業利益 ÷ 総資本	↑
	総資本当期純利益率(%) = 当期純利益 ÷ 総資本	↑
	売上高総利益率(%) = 売上総利益 ÷ 売上高	↑
	売上高営業利益率(%) = 営業利益 ÷ 売上高	↑
生産性	総資本回転率 = 売上高 ÷ 総資本	↑
	固定資産回転率 = 売上高 ÷ 固定資産	↑
安全性	流動比率(%) = 流動資産 ÷ 流動負債	↑
	当座比率(%) = 当座資産 ÷ 流動負債	↑
	固定比率(%) = 固定資産 ÷ 自己資本	↓
	自己資本比率(%) = 自己資本 ÷ 総資本	↑
成長性	売上高増加率 = 今期売上高 ÷ 前期売上高	↑
	営業利益増加率 = 今期営業利益 ÷ 前期営業利益	↑
	経常利益増加率 = 今期経常利益 ÷ 前期経常利益	↑
	自己資本増加率 = 今期自己資本 ÷ 前期自己資本	↑

↑:高いほうが望ましい ↓:低いほうが望ましい

図8 経営の安全性をみる

損益分岐点分析

売上高から費用を引いた残りが, プラスであれば利益(黒字経営), マイナスであれば損失(赤字経営)である。売上高と費用とが同じ額になって利益も損失も出ない, その売上高の点, いわゆる採算点(均衡点)のことを **損益分岐点** という。

損益分岐点は, 次の式で算出する。算出の前には, 費用を固定費と変動費に分けておく必要がある。

$$損益分岐点 = 固定費 \div \left(1 - \frac{変動費}{売上高}\right) \quad \cdots\cdots(20)$$

これを作図で求めると, 図9のようになる。

損益分岐点は, 過去の実績や他の経営よりも低い(図では左下になる)ことが望ましい。

損益分岐点分析を行うことによって, ①目標利益を達成するには, 売上高や売上数量をどれくらい伸ばさなければならないか, ②売上が何%減ったら採算がとれなくなるか(安全余裕率), ③固定費を減らすと, どれくらい損益分岐点が動くか, などを知ることができる。

このように, 損益分岐点分析は, 損益分岐点を利用して, 費用・売上高・利益の関係を分析し, 経営の損益状態を明らかにし, 将来の利益計画に役立てること(利益管理)が目的である。

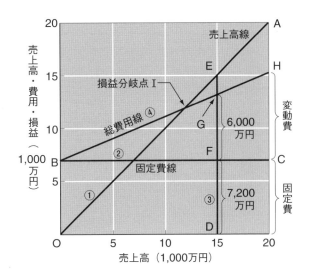

ある切り花経営を行っている株式会社の, 当期の収益・費用・利益の関係が, 次のようであったとする。
売上高　@300円　50万本　15,000万円
変動費　@120円　50万本　6,000万円
固定費　7,200万円　利益　1,800万円
① 原点Oから45度の角度で売上高(粗収益)線OAを引く。
② 縦軸の7,200万円のところに点Bをとり, 固定費線BCを横軸に平行に引く。
③ 横軸15,000万円の箇所で点Dをとり, その点から売上高線まで垂線を引き, 売上高線と固定費線との交点をそれぞれE, Fとする。DFは, 固定費額なので, Fの上に変動費6,000万円を上乗せした点をGとすると, 線分DGは総費用を意味する。
④ 点Gを点Bと結び, これをさらに右上に延長させると, 総費用線BHが得られる。売上高線OAと総費用(固定費＋変動費)線BHの交点Iが, 損益分岐点(12,000万円)である。

図9　損益分岐点分析

5 やってみよう 経営診断

草花経営を営むA園芸農場の貸借対照表と損益計算書をもとに，おもに比率法による経営診断を行ってみよう。
(→p.219)

貸借対照表 （単位：千円）

	前期	今期		前期	今期
【流動資産】	47,228	45,920	【負債合計】	40,893	30,532
当座資産	13,648	16,629	流動負債	10,707	12,180
棚卸資産	33,580	29,291	固定負債	30,186	18,352
【固定資産】	39,580	33,691	【資本合計】	45,915	49,079
《資産合計》	86,808	79,611	《負債・資本合計》(総資本)	86,808	79,611

損益計算書 （単位：千円）

	前期	今期		前期	今期
【売上原価】	103,522	112,960	【売上高】	142,484	155,423
【販売費・一般管理費】	26,959	30,363	〈売上総利益〉	〈38,962〉	〈42,463〉
販売手数料	21,862	22,842			
管理費	5,097	7,521	〈営業利益〉	〈12,003〉	〈12,100〉
【営業外費用】	3,207	1,743	【営業外収益】	2,780	1,400
支払利息	3,207	1,743	〈経常利益〉	〈11,576〉	〈11,757〉
【特別損失】	0	0	【特別利益】	0	0
【当期純利益】	11,576	11,757			

おもな診断指標の数値を計算してみると，次のようになる。

表8 おもな診断指標の数値

		前期	今期
収益性	①総資本経常利益率(%)	11,576 ÷ 86,808 × 100 = 13.3	11,757 ÷ 79,611 × 100 = 14.8
	②総資本営業利益率(%)	12,003 ÷ 86,808 × 100 = 13.8	12,100 ÷ 79,611 × 100 = 15.2
	③売上高総利益率(%)	38,962 ÷ 142,484 × 100 = 27.3	42,463 ÷ 155,423 × 100 = 27.3
	④売上高営業利益率(%)	12,003 ÷ 142,484 × 100 = 8.4	12,100 ÷ 155,423 × 100 = 7.8
生産性	⑤総資本回転率	142,484 ÷ 86,808 = 1.64	155,423 ÷ 79,611 = 1.95
	⑥固定資本回転率	142,484 ÷ 39,580 = 3.60	155,423 ÷ 33,691 = 4.61
安全性	⑦流動比率(%)	47,228 ÷ 10,707 × 100 = 441	45,920 ÷ 12,180 × 100 = 377
	⑧当座比率(%)	13,648 ÷ 10,707 × 100 = 127.5	16,629 ÷ 12,180 × 100 = 137
	⑨固定比率(%)	39,580 ÷ 45,915 × 100 = 86.2	33,691 ÷ 49,079 × 100 = 68.6
	⑩自己資本比率(%)	45,915 ÷ 86,808 × 100 = 52.9	49,079 ÷ 79,611 × 100 = 61.6
成長性	⑪売上高増加率		155,423 ÷ 142,484 × 100 = 109.1
	⑫営業利益増加率		12,100 ÷ 12,003 × 100 = 100.8
	⑬自己資本増加率		49,079 ÷ 45,915 × 100 = 106.9

【年次間比較】

前期の各診断指標数値を100として，今期の各診断指標数値を算出し，レーダーグラフにしてあらわすと(図10)，推移がわかる。

基本的チェックポイント
(a) 売上総利益・営業利益・経常利益・当期純利益の実数をみる。
(b) それぞれの総資本と売上高に対する利益率をみる。
(c) 総資本経常利益率と預金利率を比べる。
(d) 売上原価と販売費・一般管理費の実数値をみる。

【収益性・生産性の分析】

1) 利益率①～④は，いずれもプラスの値を示している。
2) ただし，前期に比べて資本利益率①，②は好転しているが，売上高営業利益率④は低下した。
3) 固定資産の減少（減価償却）が，資本利益率好転の理由の一つと思われる。
4) 資本回転率⑤，⑥が好転し，資本利用効率は高まっている。これは，3）と同じ理由が考えられるので，設備更新する時期にきているかどうかについての検討が必要である。
5) 純利益を投下資本の利回りと考えると，資本収益率①は，一般的な預金利率をこえているので，収益性は満足できる。

基本的チェックポイント
(a) 短期・長期の負債額，自己資本額の実数値をみる。
(b) 短期・長期の借入金返済能力をみる。

【安全性の分析】

1) 流動比率⑦と当座比率⑧をみると，ともに良好な値を示し，短期負債に対する支払能力はある。
2) 固定比率⑨は100以下であり，資本の長期的な運用についての安全性も良好である。
3) 自己資本比率⑩は，まずまずである。
4) したがって，経営は全体的に健全である。

基本的チェックポイント
(a) 売上高の伸びをみる。
(b) 収益性・生産性・安全性の趨勢をみる。

【成長性の分析】

1) 前期に比べ，収益性・生産性・安全性の各指標は，良好な値を示している。
2) とくに，自己資本⑬を徐々に蓄積しており，自己資本比率⑩も上昇している。
3) ただし，売上高が伸びたにもかかわらず，売上原価と販売費・一般管理費が増え，営業利益があまり伸びていないので，万全ではない。

以上のことから，全体としては順調に経営が推移していくが，将来に備えた設備投資の準備と，営業利益を増やす努力をする必要があると思われる。

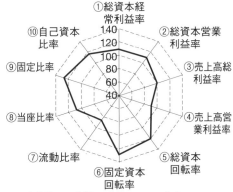

注．各数値 ＝ 今期 ÷ 前期 × 100で算出。
ただし，固定比率については数値が小さいほど良好なので，前期 ÷ 今期 × 100で算出。

図10 経営診断図（趨勢法）

2 農業経営の設計

目標
- 農業経営の設計手順と,さまざまな設計の方法を理解する。
- マーケティングやGAPを活用した経営改善を考える。

1 経営設計の手順と内容

経営設計の意味　農業経営は,まず,計画を立て,実行に移し,その結果を分析・診断し,さらに,診断結果に基づいて計画の修正・変更を行うことの繰り返しである。したがって,経営診断(→p.214)は,経営計画・設計と結びついて,初めて,その目的が達成される。つまり,経営診断に基づいて,経営改善の手段を考えることが経営設計である(図1)。

経営目標と目標水準の設定　経営設計を行う場合,まず,経営目標や,その水準を決める必要がある。経営目標がはっきりしていないと,経営設計は立てられない。

経営目標は,家族経営の場合は「幸せな家族生活」であり,企業経営の場合は「持続的な存続」で,目標水準は,農業所得・家族労働報酬や農企業利潤の額である。

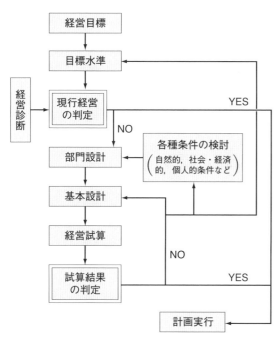

図1　経営設計作成の手順

注．二重囲みの部分は,目標水準に照らして,現在の経営の改善可能性や,経営の試算による目標達成水準を,比較・判定する部分。
　図中のYESは,目標水準が達成され,それで満足する場合を意味し,NOは,目標水準が達成されないか,あるいは,達成されても,より高い目標水準実現の可能性を再検討する場合を意味している。

経営設計の策定

経営診断の結果,目標水準が達成されていて問題がなければ,現在の経営をよりよくしていくための計画を立てる。これが**改善設計**であり,日常的な管理運営をスムーズに行っていくためのものである。

しかし,目標達成が困難と診断されたり,より高い水準の実現を迫られる場合には,抜本的な経営改善策を検討しなければならない。この大がかりな経営改善計画が,**基本設計**である(表1,図2)。新たに農業経営を始める場合に立てる創業設計も,これに含まれる。

経営設計のタイプ

経営設計を,期間と大きさで分けると,基本設計は中・長期的設計で,経営の全体的設計であるのに対し,改善設計は短期的設計で,経営の部分設計である。たとえば,稲作経営に施設野菜部門を初めて導入して,これから経営複合化をはかろうとするのは基本設計であり,来年,農薬の使用量を減らした米を栽培し,従来より高い単価で米を販売しようとするのは改善設計である。

農業経営の設計は,改善設計が多く,骨組みを大きくかえるような基本設計が,毎年できるわけではない。しかし,経営をとりまく外部環境が大きく頻繁に変化し,社会や経済のしくみがかわろうとしているような状況では,それに適応した抜本的な経営改善計画(戦略的経営計画)に挑戦する必要がある。また,家族経営の場合,ライフサイクルに沿った長期的設計を立てることが,大切である。

表1 基本設計のおもな指標項目

1. 農業経営目標
2. 農業経営の基礎条件
   (1) 経営耕地面積[1] (a)
   (2) 農業従事者 (人)
   (3) 施設 (m^2)
3. 農業経営組織
   (1) 部門(規模) (m^2), (a)
   (2) 品種割合
4. 労働力
   (1) 総投下労働 (時間)
   (2) 単位規模あたり投下労働 (時間)
5. 機械・施設
   (1) 建物 (円)
   (2) 大農具 (円)
6. 農業経営の成果
   (1) 生産量 (kg)
   (2) 農業粗収益 (円)
   (3) 農業経営費 (円)
   (4) 農業所得あるいは農企業利潤 (円)
7. 農業経営の効率
   (1) 収量 (kg/m^2・a)
   (2) 価格 (円/kg)
   (3) 農業所得率あるいは資本利益率 (%)
   (4) 農業所得あるいは農企業利潤 (円/日)

[1] 畜産経営の場合は,飼育頭・羽数も入れる。

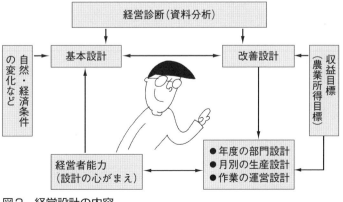

図2 経営設計の内容

> 設計の心がまえ

農業経営の成長をめざし,基本設計を立てる場合,次のような点に留意する。

1) 経営の基本方向を定めるための経営理念や,経営ビジョンをしっかりもつ。
2) 先見性・洞察力・技術力など,経営者能力を身につける。
3) 農業経営をめぐる環境はよく変化し,計画どおりに進まないことが多い。そのため,余裕のある経営設計を心がける。
4) 販売網の見通しや,政府の支援策など,成長をめざせる外部条件が整っていることを確かめる。

> 基本設計

経営規模の拡大,新事業の導入,あるいは,経営組織の変更などに関する基本計画と,それにともなう土地や設備への投資についての年次計画などである。ふつう,経営耕地面積や飼育頭・羽数を増やすと,より大型で高度な機械・施設も必要になり,新事業に取り組むさいは,新たな機械や設備を購入しなければならない。したがって,多額の資金がなければ,こうした計画を実行できない。長期の基本設計の中心課題は,資金(投資)計画であり,資金運用ができるかどうかや,利益が増大するかどうかの試算を行わなければならない。

(5月9日) 農作業

期	作目(区分)	作業(区分)	作業内容	使った資材と数量		家族・常雇作業			
				資材名	数量	経営主	妻	父	母
第一年度 天候 雨のち晴れ (金曜日)			田植え			6.0時	時	6.0時	6.0時
			草刈り			2.0			
			代かき					2.0	
			補植						2.0
						8.0		8.0	8.0
第二年度 天候 曇時々晴 (土曜日)			収穫			5.0			4.0
			芽かき			3.0			
			補植						4.0
			代かき					8.0	

図3 農作業日誌

規模拡大や経営組織の変更は，管理・運営のしかたを大幅にかえることにもなるため，対応策も講じる必要がある。

改善設計

単年度の部門設計や月別の生産設計，作業の運営設計などがある。

1) **部門設計**：基本の部門構成の中で，年間の作目（作物・家畜）構成を決め，必要な労働力や資材などの調達と，その利用計画，あるいは販売計画を立てることである。部門設計は，1年間を単位とする短期設計であり，年度初めに立てるため，年度計画ともいう。

2) **生産設計**：一般に，月別に各作目の生産や販売計画を立てることをいう。天候や価格の動向によっては，計画を変更しなければならないこともある。

3) **運営設計**：毎日の作業配分や運営計画であり，旬・週・日を計画期間とする。これは，設計というより，日々の行動計画である。過去に，各圃場にどのような作物をどれだけ作付けし，どのような肥料をどれだけ施し，収量はどうであったかなどがわかる生産記録（農作業日誌❶）をつけていないと，綿密な部門設計や生産設計は立てられない（図3）。

❶農作業日誌には，いろいろなものがあるが，3年分を1シートとして記録するものが，比較するには便利である。

日　　誌（例）

時　間		家族以外作業時間		機械使用時間			購　入　・　販　売					
(1)	(2)	臨時雇	ゆい手伝	(機械名)	(機械名)	(機械名)	どこから	何を（品目）	ど　れ　だ　け			どこへ
									数　量	収　入	支　出	
時	時	時	時	時	時	時		トマト	45			
							(メモ) 出荷 午前中，雨が強かったので，作業が予定通り進まなかった。					
							(メモ) 時折りのぞいた太陽に，遠くの山波の新緑がみずみずしくきれいで，気分がよかった。					

2 経営設計の方法

経営部門試算

部門設計を行い、それぞれの経営部門がどれくらいの利益をあげるかを見積もることが、**経営部門試算**である。単位❶あたりの粗収益・変動費・固定費を見積もって、利益を試算する。

❶10a、1頭、1kgなど。

試算は、次のような手順で行う。まず、総生産量と生産物価格を予想し、粗収益を見積もる。たとえば作物の場合、ふつう予想生産量は平年作収量を用い、生産物価格は低めに設定する。また、そのさい、収量をあげるのに必要な播種量・施肥量・農薬使用量など、生産資材の投入量を設定する。次に、その部門にかかるすべての変動費と固定費を見積もる。種苗費・肥料費・燃料費などの変動費は、設計時点での資材価格を参考にして、予想した単価に予想投入量を掛けて計上する。

トラクタや建物の減価償却費などの固定費は、先に学んだ方法によって計算する。複合経営で、他の部門にも利用している場合には、農作業日誌で利用状況を記録しておき、利用度によって配分する。家族労働の見積もりも、同じように行う。最後に、粗収益から費用を差し引いて、利潤を見積もる(表2)。

表2 稲作部門試算の事例(10aあたり)

項目	金額
粗収益520kg×220(円/kg)	114,400
変動費	
種苗費	1,700
肥料費	7,300
農薬費	5,500
光熱動力費	3,900
雇用労働費	3,400
水利費	3,500
その他	8,600
総変動費	33,900
粗収益 − 変動費	80,500
固定費	
機械・建物償却費、土地改良費	22,000
家族労働力	21,000
借地料・利子	9,500
総固定費	52,500
総費用(総変動費＋総固定費)	86,400
見積利潤	28,000

注. わかりやすくするために、概数で示した。

表3 資金繰り表

	期間1	期間2
①期首現金残高	100(千円)	50(千円)
現金流入：		
②農産物売上	200	1,200
③資本売却	0	500
④雑収入	0	50
⑤現金流入計	300	1,800
現金流出：		
⑥農業経営の運営費	350	180
⑦資本購入	1,000	0
⑧雑費	50	20
⑨返済金　短期　元金	0	1,150
利子	0	20
長期　元金	0	700
利子	0	1,400
⑩現金流出計	1,400	3,470
⑪現金残高(⑤−⑩)	−1,100	−1,670
⑫新規借入金　短期	1,150	1,800
長期	0	0
⑬期末現金残高(⑪＋⑫)	50	130
⑭短期負債残高	1,150	1,800
⑮長期負債残高	5,000	4,300

資金繰り計画

近年の農業経営は，大規模化し，多額の資金が動くことが多い。資金繰りを軽んじると，**黒字倒産**❶となることもある。とくに，規模拡大のための資金を借入金に依存している場合，その元利返済が必要なため，きちんとした資金繰り計画を立てることが大切である。

資金繰り計画の目的は，①資金の借りすぎを防ぐ，②スムーズな返済によってむだな利子負担をなくす，③事業の財産状態を改善するなど，合理的な資金の管理をすることにある。このために，資金繰り表(表3)や資金運用表(表4)をつくる。

現金の収支で資金の動き(図4)をとらえたものを**資金繰り表**とよび，旬・月・年ごとなど，一定期間ごとにまとめてあらわす。この表により，タイミングよく，資金を借りたり，借入金を返済したり，必要な借入額を知ることができる。**資金運用表**は，貸借対照表科目の在高の増減から，資金の動きをつかむために作成する。この表から，資金がどこから調達され，どこに運用されたかがわかる。

❶簿記のうえでは利益が生じていても，現金が不足して経営活動ができなくなり，倒産すること。

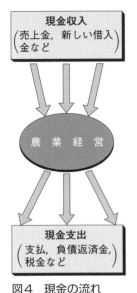

図4　現金の流れ

表4　○○年資金運用表　(単位　円)

	貸借対照表		増　減		流動資金		固定資金	
	期首	期末	借方	貸方	運用	源泉	運用	源泉
現　　　　金	58,000	0		58,000		58,000		
普 通 預 金	1,577,000	3,735,000	2,158,000		2,158,000			
定 期 預 金	3,000,000	4,000,000	1,000,000		1,000,000			
積　立　金	2,450,000	0		2,450,000		2,450,000		
農　産　物	102,000	142,000	40,000		40,000			
貯　蔵　品	57,000	37,000		20,000		20,000		
短 期 借 入 金	2,070,000	0	2,070,000		2,070,000			
正味運転資金						2,740,000		
土　　　　地	52,296,000	52,296,000						
建　　　　物	585,000	537,000		48,000				48,000
機　　　　械	5,588,000	4,749,000		839,000				839,000
車　　　　両	537,000	456,000		81,000				81,000
外 部 出 資 金	792,000	792,000						
長 期 借 入 金	17,360,000	16,795,000	565,000				565,000	
資　本　金	47,612,000	49,949,000		2,337,000				2,337,000
正味運転資金借入金							2,740,000	
計			5,833,000	5,833,000	5,268,000	5,268,000	3,305,000	3,305,000

表4の経営では，建物・機械・車両の減価償却費として，それぞれ48,000円，839,000円，81,000円が，また，当期純利益として2,337,000円が資金の源泉としてうみ出され，長期借入金の返済に565,000円をあてる。そのため，固定資産の部における正味運転資金は2,740,000円であり，それを流動資金に繰り入れる。流動資金（→表4矢印）の部では，このほか，現金58,000円＋積立金とりくずし2,450,000円＋貯蔵品販売20,000円がうみ出される見込みである。つまり，この1年間に，固定資金の部から正味運転資金2,740,000円と，流動資金の一部からの2,528,000円との合計5,268,000円が，流動資金の運用可能な額としてうみ出される予定である。

　経営者は，この資金を，農産物在庫の増加として40,000円を控除し，次に短期借入金の返済を最優先して2,070,000円全額を返済する。さらに，定期預金に1,000,000円を預け，残った2,158,000円を運転資金にあてるため，普通預金口座に預金する方針である。

　この結果，たとえば，自己資本比率は期首の71％から期末の75％となり❶，経営の財務内容は，大きく改善される予定である。

　以上のような，見込みと実績の開きを分析することによって，より望ましい状態へ向けての，経営者の努力方向（目標管理の手段）がみえてくる。

❶ここでは，
$$自己資本比率(\%) = \frac{資本金}{(短期借入金＋長期借入金＋資本金)}$$

❸ マーケティングとGAPの活用

マーケティング戦略　生産計画が，きちんと実行されたとしても販売計画がうまくいかなければ，売上高を予定どおり確保することはできない。こんにちの農業経営者は，直売や農協への系統出荷，なかには海外への輸出など，多くの販売チャンネルをもっており，消費者のニーズにかなった販売ができれば，より高い価格を実現できる。消費者に喜ばれる販売を続けていると，やがては，消費者と信頼関係ができ，場合によっては固定客（リピーター客）になり，直接の販売チャンネルができあがることもある。消費者，あるいは，取引業者と強い信頼関係を築けるように，つねに魅力的な商品を供給する戦略が，マーケティング戦略である。この戦略がなければ，長期にわたる安定した販売はできない。

契約販売

契約取引がまえもって結ばれていると，販売計画は立てやすい。しかし，自然条件に左右される農産物の場合，取引割合を増やしすぎると，契約内容を守れないことがあるので，注意しなければならない。それでも，この販売先(販売チャンネル)を一定確保することは必要である。また，固定客を確保することも，需要の予想がつくことなどから，販売計画を立てるうえで大切である。

GAPによる農場管理

農薬残留といった農産物の安全性や廃棄物適正処理などの環境保全，農作業中の事故防止のような労働安全を満たすために，日頃の農場管理作業は大切なことである。こうした観点から方針を定め，その方針にしたがって適切な行動を実践する手法として，GAPが注目されている(→p.29)。GAPは，農業生産工程管理手法ともいわれ，農作業の各段階を記録・点検する工程管理が重要で，前に学んだようなマネジメントサイクル(計画・実行・評価・改善の繰り返し)の手順をとる(図5)。

具体的なGAPの内容には，作目や地域によってさまざまなバリエーションがあり，農業者は点検項目にそって，それぞれがかかえる問題点や心配されるリスクをチェックしながら，改善すべき点を意識して，日々の農場管理を実践していかなければならない。こうした手法によって，農業における安全性の確保や環境保全をはかり，資材コストの削減，品質向上などの経営改善を進めることができる。さらには，消費者評価を高めたりすることに役立てるとよい。

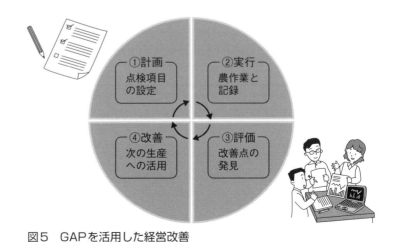

図5　GAPを活用した経営改善

4 農業経営の改善計画例

　B経営は，これまで経営者(50歳)とその妻(48歳)の2人で，水稲を中心とした農業生産を行ってきた。生産調整政策が続いてきたのにもかかわらず，水田における適切な転作作物がなく，農地の有効利用がなされていない。また，理想とする生活を送るには，農業所得の水準は満足できるものではない。以下は，こうした状況のもとで，5年後の基本設計を具体的に立ててみたものである。

表5　農業経営の改善計画例

① 目標とする営農類型				水田作 ＋ 野菜作（複合経営）	
② 経営改善の方向				水稲と露地野菜による合理的な輪作体系にもとづき，農地の利用効率を大幅に高めることで，生産性の向上をはかるとともに，経営面積を増やすことなく収益を向上する。	
③ 経営目標	収益金額			現　状	目　標
	総販売額 農業所得			780万円 290万円	3,340万円 680万円
④ 農業経営規模の拡大目標	作付面積	作目・部門名		現　状	目　標
		主食用米 稲WCS（稲発酵粗飼料） 露地野菜類 レタス スイートコーン		355a 27a	322a 179a 268a 268a
		経営面積合計		501a	501a
		作付のべ面積		463a	1,037a
	経営耕地	区　分	地　目　　所在地	現　状	目　標
		所有地	田　　　　○○町 畑　　　　○○町	384a 27a	384a 27a
		借入地	田　　　　○○町	90a	90a
⑤ 生産方式の合理化目標	機械・施設仕様	機械・施設名		現　状	目　標
		トラクタ 田植機 コンバイン 管理機 トラック 農舎		30PS　1台 4条　1台 4条　1台 0.5t　1台 70m²　1棟	30PS，76PS 各1台 4条　1台 4条　1台 汎用　2台 1t，0.5t 各1台 70m²　1棟
	部門別の合理化方向	稲作	●農地の有効利用がなされていない。		●稲WCS生産に一部転換。 ●輪作による農地利用率の向上と労働の平準化。
		野菜作	●適切な転作作物が見当たらない。		●輪作体系による病害虫の抑制と地力の維持。

			現　状	目　標
⑥経営管理の合理化目標			●単式簿記のみで，経営実態を正確には把握できていない。 ●日頃の農作業におわれ，生産・販売計画など経営管理が十分にできていない。	●法人化して，経営と家計の分離をするとともに，福利厚生(休日・給与)や役割分担を明確にする。 ●経営管理のためのIT化を進める。
⑦労働のありかたなどの改善目標			とくに休みを決めていないので，生活にメリハリがない。	休日制の導入
⑧目標を達成するためにとるべき措置	経営改善の目標		措　置	
	生産方式の合理化		●水稲の一部を稲WCS生産に転換して作業を省力化する。 ●次期作のレタスの育苗管理や施肥管理の時間をつくる。 ●水田における露地野菜の生産のため，排水条件整備を徹底する。 ●野菜作の機械化体系の導入などにより作業を省力化する。	
	経営管理の合理化		●妻が普及センターの研修会に参加して，パソコンによる複式簿記記帳と経営管理のやりかたを学び，生産・販売計画と実績を把握できるようにする。	
	労働のありかたなどの改善		●法人化して，福利厚生を整えるとともに，仕事の役割分担を明確にして，外部からの労働力を円滑に受け入れる体制にする。	

				年間農業従事日数	
⑨農業労働力	氏　名 家　族 従事者	年齢	続柄	現　状	見通し
	○○ 　○夫 　○子	50 48	本人 妻	250日 100日	250日 250日
	常時雇	実人数		一人	一人
	臨時雇	実人数		一人	年間5人
		延べ人数		一人	1,000人

[5年後の経営目標]

　ゆとりある生活を実現するため，1人あたり年間労働時間を2,000時間以内におさえ，農業所得を2倍以上に増加させる。

[経営組織]

　1．経営耕地面積を維持しながら，収益を向上する。

　2．水稲と露地野菜(レタス，スイートコーン)による水田作経営の複合化を確立する。

[生産方式の合理化]

1. 水稲と露地野菜を組み合わせた輪作体系により，農地の利用率向上と労働の平準化をはかるとともに，病虫害の抑制や地力維持を実現する。
2. 水稲の一部を稲WCS(稲発酵粗飼料)の生産に転換することで，作業の省力化を図る。
3. 余剰の労働力を利用して，次期作であるレタスの育苗管理や施肥管理の時間にあてる。
4. 水田において露地野菜を生産するため，排水などの条件整備を徹底する。
5. 野菜作の機械化体系の導入などにより作業の省力化を図る。

[経営管理の合理化]

1. ITによる複式簿記記帳と経営管理システムを導入し，生産・販売計画とその実績を正確に把握できるようにする。
2. 法人化することで，福利厚生(休日・給与)と役割分担(責任)を明確にし，働きやすい職場づくりをこころがける。

第6章 農業経営の実践

1 農業経営とプロジェクト学習
2 農業経営プロジェクトの実践例

田植え

パンの製造

農産物や加工品の校内での販売

1 農業経営とプロジェクト学習

目標 ・農業経営におけるプロジェクト学習の進めかたについて理解する。

農業経営とプロジェクト学習

プロジェクト学習は，課題(問題)解決学習ともいわれ，実践力や創造力を養うための学習方法である。その形態には，目的や方法，人数，場所などによってさまざまな種類があげられる。日本学校農業クラブ連盟の各種発表では，プロジェクト学習が位置づけられており，プロジェクト学習は農業を学ぶ私たちが身につけたい学習法である。

さらには，実際の農業経営に取り組む者には，きちんと事業計画(ビジネスプラン)を立案し，創意工夫をもって，その計画の実行を果たすことが求められる。プロジェクト学習を通して，こうした農業経営者がそなえるべき能力を効果的に高めることができる。

プロジェクト学習の四つの段階

プロジェクト学習は，**課題設定→計画立案→実施→反省・評価**という四つの学習過程を経ながら進められる(図1)。とくに，この方法を農業経営の学習に応用するならば，計画立案の段階では，販売・事業収支の計画を立てたり，実施の段階では，結果をもとに経営管理を修正したりすることがポイントである。また，反省・評価の段階では，経営成果を次期の事業計画に反映させていくことになる。

〈課題設定〉
◇ 問題を発見する。
◇ 目的を意識し，具体的にする。
◇ 目標を明確にし，課題を設定する。

〈計画立案〉
◇ 方法に関わる資料を収集する。
◇ 栽培・飼育の計画を立てる。
◇ 販売・事業収支の計画を立てる。
◇ 問題解決の手順を計画する。

〈実施〉
◇ 計画にしたがって実施する。
◇ 正確に記録をつける。
◇ 結果をフィードバックして，経営管理を修正する。

〈反省・評価〉
◇ 実践記録を整理・処理する。
◇ 経営成果について評価したり，反省したりする。
◇ 目的に照らし，各段階を再検討・再構成する。

図1　プロジェクト学習の四つの段階(農業経営)

2 農業経営プロジェクトの実践例

目標
・農業ビジネスプランの目的と構成を理解する。
・身近な農業経営を選定し，経営改善に取り組む活動を行う。
・農業経営に関するプロジェクトを行う。

1 農業ビジネスプランの作成

農業ビジネスプランの目的

プロジェクト学習における，課題設定→計画立案→実施→評価・反省の四つの学習過程のうち，実施の前に取り組まなければならないのが，課題設定と計画立案である。農業経営の学習にあたり，これらの段階を具体的に進める方法として，**農業ビジネスプラン**を作成することがある。

農業ビジネスプランを作成することで，プロジェクト(事業)の実施段階にはいるまでに，ある程度，自分自身がプロジェクトの全体像や中身について把握できる。また，いっしょに取り組んだり，応援してくれたりする人に対しては，プロジェクトを理解してもらえ，参加意識を高めさせ，またプロジェクトをよりよく進めるためのアドバイスや支援を得られる効果も期待できる。

さらには，農業経営に実際に取り組もうとするならば，ほかの事業でもよく行われているように，どのような経営目的を定め，その目的に向かって，どのような事業を，どのようなやり方で進めていくかについて，よく検討し，それを計画としてまとめる必要がある。実際にも農業ビジネスプランが，経営の羅針盤となるのである。

調査分析・構想

事業・利益計画

図1 農業ビジネスプランの作成

ビジネスプランの構成

ビジネスプランをまとめる作業に先立って,データを集め,それを分析する必要がある。こうした調査・分析を通じて,経営上の課題をみつけだす。そして,課題解決のための目標設定と,目標達成のために取り組むべきことの方向性を構想する。

決定した方向性にそって,一定期間(たとえば1年間,あるいは3～5年間)における具体的なプロジェクトの計画を組み立て,さらにはプロジェクトの収益と費用についての計画を作成する。

したがって,ビジネスプランづくりは,課題設定段階としての,①事業環境分析と②目標設定,そして計画立案段階としての,③事業構想の策定と④事業展開計画の,おおよそ四つの部分からなる。

課題設定

❶ 事業環境分析は,SWOT分析とよばれることもある。(→p.59)

■**事業環境分析**❶　経営の存続・成長には,環境とのかかわりで経営する環境マネジメント(→p.89)が大切である。そのため,経営上の課題をみつけだし,課題解決のための目標設定には,事業環境分析が役立つ。

■**内部環境分析と外部環境分析**　内部環境には,おもに資材・農機具,労働力,土地,資金など基本的な経営要素のほか,技術や知識,管理能力といった経営の内部に存在する資源が含まれる。そして,それぞれが,自己の経営での強みとなるものなのか,あるいは弱みとなるものなのか,どのようにとらえられるかを検討して,分類する。これを内部環境分析とよぶ。

なお,農業の場合,気候・気象,地形,土壌,水資源などの自然環境も,経営に決定的に作用することを忘れてはならない。

一方,外部環境分析とは,経営の外部にある環境について,いろいろ調べ,分析することである。外部環境には,政策,経済状況や社会情勢,世の中の流行や消費者のニーズ,加えて,地域農業や他産地の動向などもあるが,それぞれが,自分の経営にとって有利に働きそうなこと(機会)なのか,あるいは不利に働きそうなこと(脅威)なのか,どのようにとらえられるかを検討して,分類する。

表1　事業環境分析の枠組み

		評 価	
		プラス	マイナス
環境	内部環境	強 み	弱 み
	外部環境	機 会	脅 威

■**課題発見と目標設定** こうして，事業環境分析で明らかになった結果は，表1のように整理することができる。現状や事業環境分析から明らかとなった経営上の問題点をふまえ，このようにしたい，このようにありたいと，経営がめざす将来の具体的な姿(目的・目標)を示していく。

計画立案

■**事業構想の策定** 目的・目標が設定できたら，続いて事業構想の策定と事業展開計画を検討していく。これは，プロジェクト学習の計画立案段階にあたる。

まず，目標達成のために取り組むべきことの方向性，すなわち事業構想を策定する。ここでは，事業の方針として，経営の目的・目標に向かって，どのようにプロジェクト(事業)を進めていくかの方向性❶を示す。

どのような生産物やサービスを提供するか，また，提供対象はどのような性格の人々であるか，プロジェクトを展開する領域を構想する。また，提供される人々にとって，どんなメリットがあるか，いわばプロジェクトの優位性についても構想する。

なお，事業方針を考えるときは，事業環境分析で確認した，みずからの強みや外部環境の有利点をいかすことがポイントである。

■**事業展開計画** 次に，事業展開計画では，定められた事業方針にそって，生産計画，マーケティング計画，組織化計画，開発研究計画など，具体的なプロジェクト(事業)展開をどのようにするかを練り上げ，1年ごとに実施内容を整理する。

以上に述べたような，課題設定から計画立案までの流れをふまえて，農業ビジネスプランの構成と作成事項を整理すると，表2のようになる。

❶事業方針は，経営戦略ととらえてもよい。したがって，事業方針を策定する者には，直感力・情報収集力・判断力，企画・計画力が求められる。(→p.77)

表2 農業ビジネスプランの構成と作成事項

```
1. 事業の目的・ビジョン…問題意識，あるべき姿，思いなど
2. 事業方針
  1) 事業の領域…何を提供するか，だれに提供するか
  2) 事業の優位性…何が売りか(例：割安，他にはないもの，そこでしか買えないもの)
3. 事業展開計画
  1) 生産計画…土地面積，労働力，機械・設備，作付体系，技術特性，生産量，収量など
  2) マーケティング計画…販売量，価格，製品差別化，流通，販売先，顧客対応など
  3) 組織化計画…生産の組織化，販売の組織化，顧客の組織化，地域の組織化など
  4) 開発研究計画…生産技術開発，製品開発，マーケティングリサーチ，販路開拓など
```

❶会計については，第4章，経営診断については第5章で学んだ。

❷売上原価の計算方法は，p.227を参照のこと。

■**利益計画** 練り上げた計画がビジネスとして成立するには，採算にあうかどうかが重要である。そのため，プロジェクト（事業）の採算性を試算する利益計画が必要となる。利益計画の作成にあたっては，会計や経営診断の知識・やりかた❶が求められる。

利益計画を立てるには，まず，収益，すなわち売上高を検討する。見込まれる単価と売上数量をもとに，おおよその売上高を算出する。

次に，費用を検討する。製品（農産物・加工品）を生産したり，商品・サービスを提供したりするのにかかる費用，すなわち売上原価❷を算出する。

売上高から売上原価を差し引いたものが，売上総利益である。この売上総利益は，おおまかな利益を表す数値である。

プロジェクトを運営し，製品を販売するさいには，販売費および一般管理費も費用としてかかる。販売にともなう費用（販売費）と，事業運営にともなって発生する費用（管理費）を，それぞれ算出する。

最後に，売上総利益から販売費及び一般管理費を差し引いたものが営業損益で，事業の採算性を端的に示す数値である。営業利益が，プラス（利益）かマイナス（損失）か，また，数年にわたる利益計画で，それがどのように推移するかによって，現実の事業として成立するかどうかの見通しをつけることができる（表3）。

表3 利益計画の作成様式 （単位：円）

		1年目	2年目	3年目	…
①売上高	単価×数量				
②売上原価	材料費・経費など				
③売上総利益	①－②				
④販売費及び一般管理費	販売費 荷造包装費・運賃・販売手数料や広告宣伝費，販売促進費など				
	管理費 交通費・交際費・福利厚生費・事務費など				
⑤営業損益	③－④				

2 新しいマスクメロンの開発と経営

　農業経営を実践するには，これまで学んだ農業経営についてのあらゆる知識を使って，みずからが意欲的に取り組む必要がある。ただし，経営は1人の力で行えるものではない。また，経験を重ねることも大切であり，経験が少ない場合は，成功事例から学ぶこともできる。

　ここでは，新しいマスクメロンの開発事業を手がけた約10年間にわたるプロジェクト実践例を紹介する。

> 課題設定：
> 魅力ある地域農業の創造

■**地域農業の動向**　A県A市は，温暖な気候をいかしたマスクメロンの産地として，かつては名をはせたところである。ところが，B県が高級メロンの産地としてブランド化に成功してからは，A県産メロン価格（約400円/kg）はB県産（約1,000円/kg）の半分以下，一般的なC県産ともかわらない水準であり，A市産のマスクメロンは大衆化してしまった（図2）。

　そのため，温室メロンの生産者は，収益性の高い切り花に転換し，A市のメロン生産は，この25年，衰退しつつある（図3）。

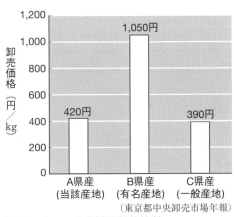

図2　メロンの産地間価格比較

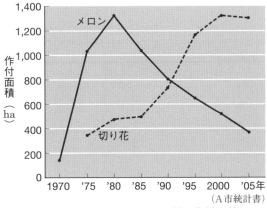

図3　地域におけるメロンと切り花の作付面積

■**プロジェクトの立ち上げ**　地域農業がかかえる課題をふまえ，地域特産品のマスクメロンを復活させ，魅力ある地域の農業を創造したいとの思いから，ほかにはなく，消費者に喜ばれるメロンを開発しようというプロジェクトを立ち上げた。ニュースでみた六面体状のスイカにヒントを得て，四角いメロンの開発という奇抜なアイデアの実現に向けて挑戦することにした。

計画立案：三つの柱

■**メロンの特性分析**　新しいマスクメロンの開発計画を立案するためには，その特性について，作り手・買い手双方の視点から分析しておく必要がある。

　一般に，高品質のメロンをつくるために，1株1果栽培にし，よいものになりそうな果実を選抜して，ほかは摘果する。かん水の量やそのタイミングも，味を左右する。また，天候の変化にあわせた栽培施設の温度・湿度管理が，果実の生育に大きく影響する。このように，よいメロンをつくるには，高度な技術と手間が求められる。

　一方，消費者には，甘いメロンが好まれる。また，マスクメロンは，均質な網目模様（ネット）や果柄部のT字形の枝が整っていないと，売り物にもならない。高級メロンは贈りものとして使われることも多く，また食べ頃になるまで，そのまま置いて飾られたりもする。商品価値としては，食味だけでなく，外観も重要なのである。

■**プロジェクトの計画立案**　以上のことから，次の三つを柱としてプロジェクトの計画を立案した。

1. 開発研究計画：六面体成型技術の確立と試作品の完成
2. マーケティング計画：製品の差別化と最適な販路の開拓
3. 生産の組織化計画：栽培農家による産地形成と地域ブランド

（渥美農業高校提供）

図4　四角いメロンの外観・内面・栽培実験

実施：開発から販売へ

■**技術開発の試行錯誤**　プロジェクトの計画を実行に移すにあたり，まず挑戦すべきことは，新製品づくりのための栽培実験を何度も繰り返して，データを蓄積することであった。

本来は丸い果実を四角にするため，実をおおう型枠ときちんと網目模様の出せる栽培技術が必要であった。さまざまな素材の型枠で栽培してみたが，木やアクリルの型枠では実が大きくなる力で壊れてしまい，失敗した。また，型枠が大きすぎると実がきれいな四角にならないし，小さすぎると網目模様がつぶれてしまう。

型枠をかえた実験栽培が繰り返され，12 cm辺の鉄製フレームが最適であるとの結論を得た。また，実が立方体形であっても，皮の近くまで均質で十分な糖度があり，味に問題がないこともわかった。切ってみると，驚くことに内部の種の部分まで四角い。こうして，まったく新しい六面体のメロンができあがった(図4)。

■**新製品のマーケティング**　新しくつくった四角いメロンが，はたして売れるのかどうかが，プロジェクトの実施段階でのもう一つの取り組み課題であった。そこで，だれもみたこともない四角いメロンが，消費者にどう評価されるのかを知るため，実物をみせながら，地元の農業まつりでアンケート調査を行った。結果は，プロジェクトに対する消費者の期待度は高く，実際に買ってくれそうな人が6割，なかでも高い値段で買いたいとする人が2割いることがわかった(図5)。

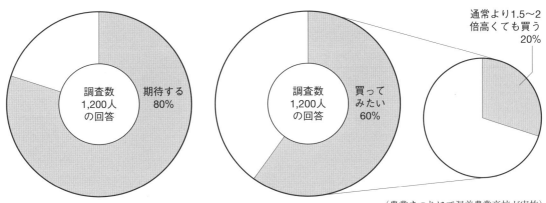

(農業まつりにて渥美農業高校が実施)

図5　四角いメロン(プロジェクト)についての消費者アンケート調査の結果

実際に販売するとなれば，価格を決めなければならない。展示用として販売されていた四角いスイカは1個1万円だったが，メロンについては前例もなく，いくらなら売れるのか見当もつかない。そこで試しに，次の農業まつりのイベントでオークションを企画して出品したところ，1個7千円〜1万円とかなりの高値がついた。

　かたちが斬新で，実際に食べられ，栽培にも手間がかかることを考えると，1個1〜2万円で売れるようにしたい。そこで，四角いメロンを説明するために，写真や実物をもって，首都圏の青果物市場や高級果物店を回り，営業活動を行った。反応はよく，全国有数の高級果物店との商談がまとまり，1〜1.5万円の価格でいよいよ店頭に並んだ。

　こうして，通常のメロンとは違う差別化製品の開発は実現した。

■**地域との連携**　ここまでの段階を振り返ると，開発から販売にいたるまで，解決がむずかしい問題をたびたびかかえていた。鉄製フレームの大量生産には，金属加工技術が必要であったし，本格的な商業販売に向けては，出荷箱のデザインや広告・宣伝などのノウハウも必要であった。そこで，地元の工業高校と商業高校に協力を依頼し，異分野との連携をはかってきた。

　このプロジェクトは，国際的なイベントや新聞などでも紹介され，全国的にも知名度が上がっていった。地域特産品の復活に向けて，四角いメロンを地域の農家に普及させていく必要がある。そこで，農協と協議会を発足させ，協力が得られる生産者に対して技術指導を行っている。いまでは，十数戸の地域農家もくわわって年間約200個の四角いメロンを生産・販売しており，その産地形成とブランド化に取り組んでいる。

表4　通常のマスクメロンと四角いメロンの生産者手取り額の比較分析

1個あたり収支比較	通常のマスクメロン	四角いメロン
小売り販売単価①	1,500円	12,400円
小売りマージン②＝①×50%	750円	6,200円
生産者受取り単価③＝①−②	750円	6,200円
かかり増し経費④	50円	2,130円
内訳：鉄製フレーム(減価償却分)	—	1,000円
緩衝材・吊りひもなど	—	580円
専用出荷・包装資材	50円	550円
生産者手取り額　⑤＝③−④	700円	4,070円

反省・評価：事業の発展に向けて

■**利益の分析** こうして，地域におけるさまざまな組織や人々とのネットワークを通じて，地域特産品復活の足がかりを得ることができ，目標の実現に向けてプロジェクトはおおむね計画通りに進んでいる。

ところで，生産者がこの四角いメロンを導入した場合，通常のマスクメロン生産と比べて，利益はどうなるであろうか。四角いメロン栽培には，通常栽培と比べて，経費が余計にかかるところがある。そのことをふまえて，生産者手取り額を比較分析してみた（表4）。

この結果，1個あたり3,370円（＝4,070円－700円）の生産者手取り額が増加することになり，四角いメロンの有利性を確認できた。ただし，四角いメロンは栽培のむずかしさから秀品率が約50％と低く，生産者のあいだでの品質のばらつきも目立つ。そのため，経営として成立するかどうかは，さらに細かい分析が必要である。

■**知的財産権制度の活用** 一方で，この四角いメロンの開発プロジェクトを発展させるための課題も浮かび上がった。たとえば，栽培技術の安定・向上と栽培農家数の拡大が，経営としての収益性の実現と本格的な産地形成に向けての大きな課題である。

また，知的財産権の取り扱いも重要である。これに対し，商品名を「カクメロ」とし，社会的に認められるために，商標登録（商標第4861066号）した。また，苦労を重ねた四角いメロンの開発成果が，ほかの人に簡単にまねされないように，栽培技術は発明として特許権を取得（特許第3908262号）した❶。特許取得によって，最大20年間は地元で権利使用の許可を得た農家が独占的に栽培できるようになり，これからの利益が守られる。

海外での日本食ブームを背景に，日本の農林水産物・食品の輸出は増加傾向にある。とくに，経済成長が著しいアジアにおける高額所得者層に注目されており，「カクメロ」は香港などにも輸出され，1個2万円で取引されている。香港現地でもまねされないよう商標登録をし，海外でのブランド化も進めている。

このように知的財産権をベースに新製品がうみ出され，新製品は事業の発展につながることがわかった。とりわけ，「カクメロ」という名は，地域農業の創造を象徴する価値ある資産となっている。

❶商標登録や特許権など知的財産権については，p.36で学んだ。（独）工業所有権情報・研修館のWebページ（特許情報プラットフォーム）から，この四角いメロンを検索することができる。

さくいん

あ

相対取引 — 110
アウトソーシング — 101
青色申告 — 43
アグリカルチュラルラダー — 43
アンテナショップ — 119
ISO — 23
委託販売 — 112
1戸1法人 — 72
一般管理費 — 186, 202, 248
遺伝子組換え — 18
移動平均法 — 176
う回生産 — 64
売上原価 — 227
売掛金 — 177
エコファーマー — 32

か

買掛金 — 178
会計期間 — 141
会計単位 — 141
会社法人 — 72
改善設計 — 233
買付販売 — 112
外部活動 — 201
外部環境 — 59, 246
外部金融 — 100
外部情報 — 91
外部診断 — 216
掛け取引 — 177
貸方 — 147
貸し倒れ — 187
貸倒引当金 — 187
貸付金 — 179
家族経営協定 — 43
家族周期 — 41
家族労働報酬（労働所得）
　　— 48, 220
株式会社 — 44
貨幣金額表示 — 142
借入金 — 179
借方 — 147
環境保全型農業 — 26
環境マネジメント — 89
勘定 — 147
勘定科目 — 147
勘定口座 — 147
間接法 — 182
機械利用組合 — 69
企業経営 — 40, 44
企業的家族経営 — 40
期首 — 141

基準値比較 — 220
記帳 — 147
基盤整備 — 87
起票 — 197
規模の経済 — 82
規模の経済が働く — 82
基本設計 — 233
期末 — 141
GAP — 29, 239
競合関係 — 65
共助（補完）関係 — 64
共同販売（共販） — 113
共用（補合）関係 — 64, 66
組合金融 — 100
繰越試算表 — 167
黒字倒産 — 237
経営継承 — 42
経営者労働所得 — 48
経営受託 — 70
経営情報 — 90
経営の3要素 — 49
経営の総合診断 — 216
経営の4要素 — 49
経営部門 — 58
経営部門試算 — 236
経済環境 — 87
系統金融 — 100
経費 — 185, 203
決算 — 162
決算仕訳 — 163
決算整理 — 187
決算整理事項 — 187
決算整理仕訳 — 187
原価 — 48
限界収量 — 56
限界投入 — 56
原価計算 — 201
原価計算表 — 206
減価償却 — 181
減価償却費 — 47, 181
原価の3要素 — 203
原価要素 — 203, 205
兼業農業 — 11
現物有高帳 — 176
合計残高試算表 — 157
合計試算表 — 157
合計転記 — 200
合資会社 — 44
構造政策 — 131
合同会社 — 44
合名会社 — 44
小書き — 153
国際協調農政 — 136
コスト・リーダーシップ戦略
　（低コスト化戦略） — 57

さ

固定資産 — 180, 223
固定資本 — 56
固定費 — 57, 205
個別転記 — 200
混合所得 — 48, 220

財産法 — 144
財務諸表 — 195, 226
材料費 — 203
先入先出法 — 176
作目 — 58
作物収量指数 — 223
差別化戦略 — 61
残高 — 156
残高式 — 147
残高試算表 — 157
産地直送販売（産直） — 115
3伝票制 — 198
資金運用表 — 237
資金繰り表 — 237
資源循環型社会 — 26
資産 — 143
試算表 — 157
試算表等式 — 161
支出 — 46
市場 — 107
市場の細分化 — 115
自然循環機能 — 26
持続可能な農業 — 8
持続的組織体 — 38
実地棚卸 — 173
シナジー（相乗）効果 — 64
資本 — 143
資本金 — 144
資本財 — 49
資本等式 — 143
JAS法 — 23
収益 — 145
収益の繰り延べ — 188
収益の見越し — 188
収穫漸減の現象 — 56, 80
集合勘定 — 163
収入 — 46
集約化 — 79
集約度 — 79
集約度限界 — 56, 80
集落 — 124
集落営農 — 68
出金伝票 — 198
主要簿 — 153, 197
純資産 — 143
条件不利地域対策 — 27
証ひょう — 197
食育 — 24

食農教育	24
食品安全基本法	131
食料自給率	17
食料の安全保障政策	130
食料・農業・農村基本法	129
白色申告	43
仕訳	151
仕訳帳	153
仕訳伝票	198
垂直的多角化	62
水平的多角化	62
SWOT分析	59, 246
生産過程	49
生産原価	202
生産効率	222
生産資材費	185
生産性指標	222
生産の3要素	49
精算表	160
制度金融	101
制度にかかわる情報	99
精密農業	18
整理記入欄	189
せり売り	110
専業農家	11
全作業受委託	70
専門化	62
総勘定元帳	153
総原価	202
粗放化	79
損益計算書	146, 226
損益法	146

た

貸借対照表	144, 226
貸借平均の原理	151
棚卸資産	173
単一化	62
単一経営	62
地産地消	24
知識創造活動	92
知的財産	36
知的財産権	36, 253
地目	58
中山間地域対策	27
帳簿決算	163
直接法	182
定額法	181
T字形	148
低投入型農法	53
低投入持続的農業	28
定量・定格・定時の原則	114
適正集約度（適正操業度）	80
転記	152
伝票	197

当期純損失	144
当期純利益	144, 227
投資効率	227
トータルマーケティング戦略	116
トレーサビリティ・システム	24

な

内部活動	201
内部環境	59, 246
内部金融	100
内部情報	91
内部診断	216
ニッチの市場	120
入金伝票	198
認定農業者制度	132
農家実行組合	126
農企業利潤	48, 221
農業環境三法	133
農業協同組合（農協，JA）	126
農業経営組織	58
農業経営費	47, 224
農協出資農業法人経営	40, 74
農業所得	48, 224
農業政策情報	99
農業生産組織	68
農地生産費	48
農地所有適格法人	72
農業所有適格法人制度	132
農業粗収益	46
農業・農村の多面的機能	19
農業のはしご	43
農業法人	72
農業利潤	48
農産物原価要素	185
農事組合法人	44, 72
農場購入型	42
農商工連携	12
農場相続型	42
農地改革	132
農地情報	100
農地法	132

は

配賦	204
HACCP	23
8桁精算表	189
パートナーシップ（共用）経営	43
範囲の経済	64
販売費	186, 202, 248
比較有利性の原則	61
引出金勘定	184
非原価項目	202
ヒト・モノ・カネ	91

費用	145
標準式	147
費用の繰り延べ	187
費用の見越し	188
ファミリーライフサイクル	41
賦課	203
普及指導センター	128
複合型アグリビジネス	37
複合（多角）化	62
複合（多角）経営	62
複式簿記	141
負債	143
フードシステム	20
部分作業受委託	70
部分診断	216
プラン・ドゥ・チェック・アクション	93
振替仕訳	163
振替伝票	198
プロジェクト学習	244
分業の利益	55
変動費	57, 205
法人化	72
ポジティブリスト制度	28
補助簿	171, 197

ま

マーケティング	106
マシーンネリング	70
マネジメントサイクル	215
ミニマム アクセス	137
もうけ	46
元帳	153

や

有機JASマーク	31
有機農業	28
有機農法	53
四つのP	116

ら

利益	227
利子補給	101
利潤	227
流通過程	49
流動資産	223
流動資本	56
労働手段	50
労働所得	48
労務費	185, 203
6次産業化	12
6次産業化法	37
6桁精算表	160

■編修

宮城大学名誉教授
大泉 一貫(おおいずみかずぬき)

宇都宮大学名誉教授
津谷好人(つやよしと)

岩手大学准教授
木下幸雄(きのしたゆきお)

佐々木壽(さきひさし)

常盤英資(ときわえいし)

橋本 智(はしもとさとし)

粕谷和生(かすやかずお)

実教出版株式会社

表紙・カバーデザイン――難波邦夫
本文基本デザイン――エッジ・デザインオフィス

写真・資料提供・協力（掲載順）―― 農林水産省　神明畜産株式会社　宮崎県高千穂町　千葉県南房総市　京都府丹後市　山形県酒田市　(株)たじり穂波公社　JTBフォト　山形県長井市　農家民宿山古志百姓や三太夫　馬路村農業協同組合　政田自然農園株式会社　農業新聞社　水谷忠義（元愛知県立佐屋高等学校）　吉川公規（静岡県果樹研究センター）　伊東正（千葉大学名誉教授）　大川清（静岡大学名誉教授）　(一財)日本気象協会　福種株式会社　ヤンマー農機株式会社　松山株式会社　日本政策金融公庫農林水産事業本部　五味仙衞武（宇都宮大学名誉教授）　大分大山町農業協同組合　茨城県岩瀬町農業協同組合　池田健一　株式会社ソリマチ　栃木県加藤俊樹（愛知県立稲沢高等学校）

First Stage シリーズ

2016年10月31日　初版第1刷発行
2022年2月28日　　　第3刷発行

農業経営概論

●著作者　大泉一貫　津谷好人　木下幸雄
　　　　　ほか5名（別記）

●発行者　実教出版株式会社
　　　　　代表者　小田良次
　　　　　東京都千代田区五番町5

●印刷者　壮光舎印刷株式会社
　　　　　代表者　渡辺善広
　　　　　東京都荒川区荒川8-20-1

●発行所　実教出版株式会社
〒102-8377　東京都千代田区五番町5
電話〈営業〉(03)3238-7765
　　〈企画開発〉(03)3238-7751
　　〈総務〉(03)3238-7700
https://www.jikkyo.co.jp/

●無断複写・転載を禁ず　Printed in Japan　　　　ISBN978-4-407-34036-5